U0175786

听僵尸猫讲

量子物理学

[西班牙] 前沿科学小组 著

王 晴 译

本书作者：

[西班牙] 埃莱娜·公萨雷斯·布隆

[西班牙] 哈维艾尔·桑塔奥拉亚·卡米诺

[西班牙] 奥利奥尔·马利蒙·卡里多

[西班牙] 巴布洛·巴伦切古伦·马来诺

[西班牙] 哈维艾尔·鲁力·卡拉斯高索

[西班牙] 伊莱奈·普艾尔多·黑迈奈斯

[西班牙] 艾杜尔多·撒恩斯·德·卡贝颂·伊利卡莱伊

山东美术出版社

图书在版编目（CIP）数据

听僵尸猫讲量子物理学 / 西班牙前沿科学小组著 ; 王晴译. -- 济南 : 山东美术出版社, 2020.6

ISBN 978-7-5330-7746-4

Ⅰ. ①听… Ⅱ. ①西… ②王… Ⅲ. ①量子论—少儿读物 Ⅳ. ①O413-49

中国版本图书馆CIP数据核字(2019)第226553号

山东省版权局著作权合同登记号：15—2018—7

© 2016，Mala Órbita，S.L.

Helena González Burón， Javier Santaolalla Camino， Oriol Marimon Garrido， Pablo Barrecheguren Manero and Eduardo Saenz de Cabezón Irigarai

© 2016，Penguin Random House Grupo Editorial S.A.U.

Travessera de gràcia，47-49. 08021 Barcelona

© 2016，Alejandra Morenilla， for the illustrations

Cover design：Penguin Random House Grupo Editorial / Manuel Esclapez

---

责任编辑：陈 蔚　　　版权编辑：翟宁宁　　　特约编辑：王 璟

主管单位：山东出版传媒股份有限公司

出版发行：山东美术出版社

　　　　　济南市历下区舜耕路 20 号佛山静院 C 座（邮编：250014）

　　　　　http：//www.sdmspub.com

　　　　　E-mail：sdmscbs@163.com

　　　　　电话：（0531）82098268　传真：（0531）82066185

　　　　　山东美术出版社发行部

　　　　　济南市历下区舜耕路 20 号佛山静院 C 座（邮编：250014）

　　　　　电话：（0531）86193019　86193028

制版印刷：山东新华印务有限责任公司

开　　本：889mm×1194mm　　1/32　　6.25 印张

字　　数：126 千

版　　次：2020 年 6 月第 1 版　　2020 年 6 月第 1 次印刷

定　　价：46.00 元

目　录

引 言

"我要尿出来了，尿出来了，尿出来了……"

艾达不住地往窗外看，恨不得马上就跳下车去。怎么还不到啊，怎么还不到啊！她快要尿裤子了！她的膀胱都快憋炸了！怎么办！怎么办！她不停地换姿势，但是，一点用都没有。

"淡定，艾达。" 妈妈一边开车，一边安慰她，**"咱们就快到了，再坚持一下！"**

她们终于到了，美丽的蒙特娜市！妈妈把车停在一栋两层的小别墅前面。艾达赶紧跳下车，在妈妈脸上亲了一口，她顾不得说再见，就以光速冲进屋里，根本没看见萨图妮娜姑姑正站在门口，张开双臂，准备拥抱她呢。她现在什么也顾不得了，因为她真的要尿裤子了！！！

艾达无数次地设想过和萨图妮娜姑姑重逢的场景，但是，她怎么也没想到，自己会憋着尿跑进姑姑家中。唉，一点诗意也没有，白白辜负了这小镇美丽的田园风光。但是，能在萨图妮娜姑姑家过暑假可真是太棒了！她可以每天都去游泳，就在离姑姑家两步远的地方，有一个非常大的游泳池；她可以从车库里取出自行车，去公园里，想怎么疯就怎么疯；她可以在后院的遮阳伞下尽情读书；还有，她可以见到她的表哥——马克斯。马克斯可比艾达沉稳得多，他也非常喜欢每年到萨图妮娜姑姑家来过暑假。在这里，他可以吃到萨图妮娜姑姑亲手做的好吃的饼干；他可以玩平板电脑，打游戏，想打多久就打多久；当然，还可以和艾达一起玩耍。

艾达从厕所走出来，松了一口气，说："啊，终于舒服了！"

她看到马克斯躺在客厅的沙发上，好像睡着了。

"老兄！我来了！"艾达一兴奋，随手把背包扔在地上，就向马克斯跑去。没错，她刚才没来得及放下背包就去尿尿了。尿急的时候，哪有时间做别的！

"完咯！这个家从此不得安宁咯！"马克斯还没说完，艾达就一下子抱住了他，在他脸上狠狠地亲了几口。

根据他们的经验，暑假总是会过得特别快。还没玩几天，爸爸妈妈们就该来接他们回去了。但是，想那么多干吗，现在假期才刚刚开始！他们没有作业，也无事可做。大中午的，正是最热的时候，谁也不愿出门，至少，艾达和马克斯不想出去。但是，萨图妮娜姑姑向来不怕热，这会儿，她出去买面包了。

"我受不了，马克斯，这都是些什么破节目啊……"艾达一边不停地换台，一边抱怨道。

马克斯一边点头表示赞同，一边无精打采地翻着手里的漫画书，那是一本好几年前的漫画书了，都快被他翻烂了。过了一会儿，他们听到了钥匙开门的声音，是萨图妮娜姑姑回来了。

"孩子们，我回来了！真不好意思，我回来晚了。"说着，她径直走进了厨房，"你们两个，谁来摆摆桌子？饭马上就好。"

艾达和马克斯你看看我，我看看你，谁也不愿意动弹。

"帮我摆桌子的人下午有饼干吃……"艾达和马克斯你看看我，我看看你，然后飞快地起身，冲向厨房。艾达比马克斯跑得快一点，但是到厨房门口的时候，她突然停住了。原来，她看见了一只黑色的猫。这只猫看上去有点脏，毛也有点乱，右眼上带着一条长长的伤疤，左耳上有一个小小的缺口。

小猫乖乖地趴在地上，正在一个小盘子里喝牛奶呢。这大概是世界上最可爱的流浪猫了！

"姑姑，这是什么？"艾达指着小猫问。

萨图妮娜姑姑正在做饭

呢，听见艾达喊她，赶紧往艾达那里瞥了一眼。

"猫啊，不然还能是什么？那可是我的新宠！"

看到这只小猫，艾达和马克斯不禁回忆起了萨图妮娜姑姑曾经养过的宠物：她养的第一只宠物叫作莫盖塔，一只毛茸茸，但是有点丑的小狗。那时候他们两个还是小毛孩子呢。后来，萨图妮娜姑姑又养了波利塔，那是一只白鼬，毛有点少，但是长得很肥。那只白鼬脾气不好，谁也不敢靠近它。它一直霸占着家里最好的沙发，直到几年前，它死了。

"几天前，我在一个垃圾桶旁边发现了它，就是邻居费尔南德斯家门口的那个垃圾桶。碰巧的是，那天我还碰见了他儿子迈克，哎哟，你们是没看见，那小子梳着一个'鸡冠朋克头'，好像真的会玩摇滚一样。那时候这只小猫可怜兮兮地看着我，我心一软，就把它抱回家来了。"

"这只小猫品种很好，就是有点脏。"

"而且，有点丑……"

"脏吗？丑吗？ 你们两个是没见过自己小时候的样子。可怜的小东西，它只是需要一个家，一点点关爱。是不是，小宝贝？"

小猫正静静地喝奶呢，听到萨图妮娜姑姑的话，它抬起头，冲萨图妮娜姑姑撒娇似的叫了一声"喵呜"，用舌头舔了舔爪子，然后继续安安静静地喝奶。

"我要叫它莫提莫尔。你喜欢这个名字吗？我的小宝贝。你肯定

喜欢。"萨图妮娜姑姑一边做饭，一边对小猫说。

　　吃完饭，萨图妮娜姑姑跟艾达和马克斯交代了一些事情，就去拜访她的朋友胡丽安娜了。胡丽安娜跳舞的时候，不小心扭伤了脚踝。每年都这样，萨图妮娜姑姑的朋友总是受伤，不是扭伤了脚踝，磕伤了膝盖，就是摔坏了尾骨……艾达和马克斯猜测，这些不过是萨图妮娜姑姑找的借口，她不过是想去贝尼多姆，和她那些退休的伙伴们好好玩上几天。

　　萨图妮娜姑姑在不在家其实无所谓。因为艾达知道，萨图妮娜姑姑会给他们留下一些吃的，足够他们吃到她回来的时候。就算留的食物不够，他们两个也可以随便应付一下。

　　"另外，我已经拜托了西格玛博士，让他时不时地过来看你们一眼。而且，我还给了他一把家里的钥匙，万一你们出了什么事情，他可以进来看看。"萨图妮娜姑姑交代说。

　　"什么，你让西格玛博士照顾我们？！"马克斯一脸惊讶地说，他可不觉得西格玛博士有这个本事。

　　萨图妮娜姑姑愣了一下，她忽然想起了上次，她请求西格玛博士帮她照看花园里的花儿，结果……绣球花都被干死了，而天竺葵都被淹死了，更离谱的是，有一半的剑兰花被从花园的东边移植到了花园的西边。西格玛博士年轻有为，就住在萨图妮娜姑姑家对面的街上。他非常擅长搞科学研究，但是照顾花卉，就……简直糟糕透了。"好吧，我看，你们照顾西格玛博士还差不多。我留下了很多牛油果，你们知道的，西格玛博士很喜欢吃牛油果做的沙拉。**还有，你们别忘了照顾小猫莫提莫尔！一定替我好好照顾它，听见了吗？**咦，我的小猫呢，它现在在哪儿？好吧，我只能待会儿再和它道别了。"

　　傍晚的时候，来了一辆老式的大货车。车停在门口，司机按了按喇叭。两个老妇人从车窗里探出头来，大声地喊萨图妮娜姑姑。看样子，她们两个的年龄加起来得有150多岁了！萨图妮娜姑姑听到喊声，急急忙忙地提着行李箱从楼上下来，脸上带着花儿一样的笑容，在艾达和马克斯脸上飞快地亲了几口，就算和他们告别完了。

可是和小猫莫提莫尔告别的时候，她花了整整十分钟。她一边亲吻小猫，一边说："**哎呀，我的小宝贝！我的小宝贝！我走了，你一定要好好照顾自己！小宝贝，我会想你的！吣吣吣……**"艾达听得都不好意思了。

老奶奶们和萨图妮娜姑姑终于走了。她们在车上又是尖叫欢呼，又是听摇滚乐。艾达和马克斯一直站在门口目送她们，直到她们消失在视线中，才回了家。

突然，艾达看见头顶上飘来了奇怪的东西：天空中出现了一条弯弯曲曲的绿色烟雾带，里面好像还有星星在闪闪发光。那些星星越来越亮，烟雾带的颜色也越来越深。艾达兴奋极了！

"马克斯，马克斯，你快看！"

马克斯回过头，一脸迷惑，不知道艾达让他看什么。

艾达把手高高地举起来，指向天空。

"什么？" 马克斯抬起头看着那些闪光，因为不知道那是什么，所以他有点担心。就在这时，那条发光的烟雾带开始变换颜色了：从绿色变成粉红色，从粉红色变成大红色，从大红色变成紫色，又从紫色变成了黄色……烟雾带变得越来越宽，越来越长，咦！好像是从西格玛博士家飘出来的！

"呀，真漂亮，就像北极光！" 马克斯如痴如醉地看着那道发光的彩带。

"在咱们这个纬度，大夏天，傍晚时刻，能看见北极光，还是粉红色的北极光？**这不可能！**"

弗里奇新奇资料大放送

极光，是一种在夜间出现的绚丽多彩的光辉。 在两极地区的高原上经常可以看到。根据出现在南半球还是北半球，极光有不同的名称：出现在北极的叫北极光，出现在南极的叫南极光。

那为什么天空会发光呢？ 这是因为，有时候，太阳上会发生大规模的能量爆发（又称为太阳耀斑），爆发后就会有一种特殊的物质散落在太空中。

这种特殊的物质其实是一些带电粒子。这些带电粒子在射向地球的过程中，会受到地球磁场的作用。**什么，磁场？** 没错，朋友们，我们生活的地球其实是一个巨大的磁体（正因如此，指南针才会一直指示南北方向）。在地球磁场的作用下，从太阳发射出来的带电粒子，开始向两极方向奔跑。随后，这些带电粒子，就会以很快的速度，从两极进入到地球的大气层，在这个过程中，带电粒子会和大气中的气体分子发生碰撞。经过碰撞，气体分子中的原子就会获得很多很多的能量。但是，这些原子并不想要这么多的能量，它们就会以光的形式，把多余的能量释放出去，这就形成了极光。怎么样，朋友们，你们听明白了吗？**听完以后，你们是不是也想去释放一下能量，发一发光啊？**

艾达和马克斯跑出家门，一口气跑到家对面的街上。这个时候，正在路上散步的行人们也都抬起头，往西格玛博士家上方的天空看去。没错！这彩带就是从西格玛博士家飘出来的。博士家的窗户里还闪着各种颜色的光呢，就像迪斯科舞厅一样。

"西格玛博士在干什么？肯定又在研究什么稀奇古怪的玩意儿！"马克斯一脸担忧地说道。

艾达正入迷地看着那道闪闪发亮的"彩虹极光"呢！那"极光"越来越亮了！从西格玛博士家发出来的光不断地变换着颜色，频率越来越快，越来越快，突然，嘭！所有的光一下子都熄灭了，"彩虹极光"也消失不见了。

过了几秒钟，西格玛博士从家门里走了出来，他被烟呛坏了，一个劲儿地咳嗽。大家都会觉得，经历了这样的大爆炸，一般人，肯定都会被炸成粉末。但是，西格玛博士可不是一般人，他是个与众不同的科学家！不仅智力超群，而且特别爱臭美！他从滚滚浓烟中走出来，竟然安然无恙，头发梳得整整齐齐的，刘海儿又高又挺，雪白的实验服没有丝毫损坏，里面还穿着最时髦的衬衫。他可是超级时尚达人呢！

"**西格玛博士!**"艾达和马克斯一看到博士,就兴奋地叫起来。赶紧跑上前去搀扶他。

　　他们赶紧把西格玛博士带到了萨图妮娜姑姑家的厨房。他虽然毫发未伤,但是精神有些恍惚。马克斯赶紧给他倒了一杯水。

　　"**水……**"西格玛博士自言自语地说,"水分子是由两个氢原子和一个氧原子组成的。氧原子的核电荷数是8,我们呼吸的是氧气分子,一个氧气分子是由……"

艾达接过马克斯手里的水杯，在西格玛博士眼前晃了晃。博士眨了眨眼睛，终于反应了过来。

"**嗨，孩子们，你们好！哦，谢谢你，艾达。**"说着，他接过杯子。"嗨，马克斯。你能帮我找一面镜子吗？拜托了！我的头发好像被水打湿了……我的发型……"

"西格玛博士，你刚才在家干什么呢？"马克斯问道，他根本不想去给西格玛博士找镜子。

这时候，小猫莫提莫尔进到厨房来了。它的毛好像有点烧焦了。它走到自己的小碗前，一点一点地舔水喝。一看到小猫，西格玛博士突然想起了什么：

"**啊，我的实验！**"说着，他一下子跳了起来，"**我的实验室！**就是这只小猫，它闯入了我的实验室，我的准备工作还没有做完，它就按下了遥控器上的启动按钮。**哎呀！你这只可恶的猫！**你毁了我所有的心血！但是……你怎么长得那么可爱啊！怎么办？小宝贝，我简直没办法对你生气了。虽然你在原子核的能量远远超过它所能承受的最大能量的时候，引爆了实验装置。但是，你那么可爱，我怎么好责怪你呢……"

"**西格玛博士，你刚才在做什么实验呢？**"艾达又问了一次。

西格玛博士把小猫抱在怀里，轻轻地抚摸着它的后背。

"我刚刚在尝试制造一种特殊的粒子，它可以同时处于两种不同的状态。当然了，我早就该想到，量子物理学的定律表明，这是不可能的……"

"**什么物理学？**"艾达和马克斯异口同声地问道。

"**量子物理学，**是物理学的一个分支，专门研究微观粒子的一些现象。在微观粒子的世界中，经典物理学的许多规律都不再适用。量子物理学解释了我们生活中的物理学，也就是牛顿物理学所不能解释的现象。它统治着整个微观世界……"

量子学小提示

当我们进入微观世界（就是非常非常小的物质的世界），那里的物体的行为可不遵循我们在小学和中学学习的物理定律。我们在小学和中学学习的物理学，叫作经典物理学，或者牛顿物理学。利用经典物理学的知识，我们可以计算出如何把火箭发射到太空轨道上，或者应该如何建造一座桥梁。

但在微观世界里，事物会遵循另外一些规律。当我们进入亚原子世界（亚原子比跳蚤还要小，比细菌还要小），**量子物理学的规律**就开始起作用了。**你们想象不到微观世界的一切是多么有趣！**

西格玛博士晃了晃头，清醒了一下脑子，突然认真起来。

"马克斯，艾达……我想问你们个问题。你们刚刚难道没有看见光吗？一种非常微弱的光，一种几乎看不到的光，从我家里发出来的。"

"**非常微弱的光？**"马克斯非常吃惊地说。

"西格玛博士，我们看到了非常非常亮的光，就像你家着火了一样。连天上也有一道光，**就像北极光一样！**"

"哦？在咱们这个纬度，在盛夏时节，在这傍晚时刻，会有北极光？！"西格玛博士也觉得很奇怪。

"**是啊！可漂亮了！西格玛博士，你做的这个实验和你刚才说的量子物理学有关系吗？**"艾达追问道。

"我的女神海蒂·拉玛啊！人们为什么要发明遥控器！这个月的电费啊！又要没边了！"西格玛博士面色惨白地说，"**都怪这只小猫进入了我的实验室！还按下了遥控器上的开关！**哦，我觉得，有点晕……孩子们，你们能送我回家吗？"

西格玛博士把小猫莫提莫尔放在地上，然后在它毛发烧焦的小脑袋上轻轻地亲了一下。小猫喵呜叫了一声，赶紧跟上他们的脚步，好不容易追到了门口，结果还是被无情地关在了屋里。

马克斯在关门之前对它说：

"**不行，莫提莫尔。**你得留在家里，我们保证，马上就回来，好吗？我的天啊！这只小猫闻起来有点像烤肉。"

一进入西格玛博士家的大厅，艾达和马克斯就惊呆了。大厅里满满的都是书架子，书架子上满满的都是关于科学的书。

"**天啊，西格玛博士，这里简直是亚历山大图书馆！**"（编者注：亚历山大图书馆曾是世界上最大的图书馆）这些书都是你的吗？"艾达问。

"没错，都是我的。"西格玛博士一边说着，一边在马克斯的搀扶下慢慢地坐进沙发里。这里，讲什么的书都有：物理、化学、数学、生物、工程、历史、社会科学……应有尽有，数也数不清！有些书的封面特别好看，里面还带着彩色的插图；还有的书已经很旧了，每一页上还做满了详细的笔记。

"西格玛博士，您能不能借我们几本书看？"艾达问道。她手里正拿着一本《量子物理学入门》，好奇地翻看着。

西格玛博士半闭着眼睛，说："当然可以了。想看什么随便拿。但是，你们一定要好好爱护我的书才行。如果遇到什么不懂的问题，你们可以随时来问我。这些书，我全都看过了。嗨，小猫咪，你好啊……"西格玛博士说着，对小猫莫提莫尔露出了温柔的微笑。小猫就蹲在他家大厅的入口呢。

"什么，莫提莫尔！天啊，你是怎么进来的？"马克斯吃惊地说道。小猫把眼睛睁得大大地，看着马克斯，喵喵地叫了几声，算是给他的回答。

"我刚才明明把家门关好了呀！"

"马克斯，你听我说。"艾达凑到马克斯耳边，小声说道，"我觉得小猫莫提莫尔的行为很古怪，西格玛博士家刚才发生的量子光大爆炸，**是不是让它……让它获得了超能力？**所以，它可以从关着的门里穿越出来。爆炸总会造就出超级英雄，这也不是第一次了……"

"得了吧，莫提莫尔又不是超人克拉克·肯特。它一定是从哪扇窗户，或者烟囱之类的地方爬出来的。小猫不就是这样嘛，总爱乱钻、乱跑。"马克斯说。

这时，他们身后传来了西格玛博士如雷鸣般的呼噜声。他躺在沙发上一动不动，睡着了。

马克斯："艾达，你手里拿的是什么书？"

艾达："这是一本讲量子物理学的书。量子世界简直就是一个魔幻世界！它就在我们身边，我们却看不到它。莫提莫尔就是那次失败的量子实验的超级幸存者。唉，我现在也不是很清楚，马克斯，那次实验可能让莫提莫尔变傻了。或者，让它处于一种半死的状态！或者说，成了僵尸！"

马克斯："可是，你根本不知道实验中发生了什么！"

艾达："我是不知道。但是，我可以学习啊！不是吗？你看，那只猫正用爪子捂着嘴偷笑呢。它一定有事情瞒着我们，马克斯，莫提莫尔一定有事情瞒着我们。"

马克斯："我真是受够你了。你确定要读那些量子物理学的东西吗？莫提莫尔什么事也没有！只不过是毛有点烧焦了，不过，不管怎样，它还是那么丑。"

艾达："来吧，马克斯，你也挑一本吧。我知道你也很想学习。我知道你也很喜欢科学。难道我还不了解你吗？啊！量子物理学的世界，就像一片新大陆！那里的一切都等着我们去发现，去探索。那虽然是一个极为渺小的世界，但是，却是一个非常疯狂的世界！"

马克斯："好吧，就让我们一起做量子物理学的专家吧！总得趁暑假做些不寻常的事，不是吗？量子世界，我们来了！"

第一章
量子物理学：波粒二象性

"哎呀！烦死了！我又想尿尿了，我真讨厌半夜被尿憋醒！"艾达一边嘟嘟囔囔地抱怨，一边从床上爬起来，去厕所小便。她忽然想起了家里的新朋友——小猫莫提莫尔，就赶紧趴到床下面，想看看小猫是不是还在那儿。天啊，小猫不在床底下了，睡觉前她明明把小猫放在那里了……**天啊，怎么办？** 必须找到它，小猫要是丢了，萨图妮娜姑姑是不会放过她的！

她顾不得梳理乱得像鸡窝的头，穿着睡衣就跑出了房间。一出门，正好看见马克斯，他也在找小猫莫提莫尔呢，都找了一个多小时了。

"那只该死的猫把我弄醒了！它不知道什么时候跑到了我的房间，爬到了我的床上，然后用舌头舔我的脸。咦，那黏糊糊的口水，比西格玛博士自己发明的抗皱乳液还恶心！"马克斯抱怨说，"后来，它喵呜喵呜地叫了几声，就跑出去了，然后就消失得无影无踪。我找遍了家里的各个角落：衣橱里，床底下，抽屉里，鞋盒子里……唉，你知道的，小猫都喜欢钻进盒子里。总之，能找的地方我都找遍了。"

只剩一个地方还没有找。那个地方，他们两个都知道，但是，谁也不敢说出来。因为，那个地方谁也不敢进去，他们两个光是想想就害怕得要死。这大半夜的，让他们去那里——一个废弃的车库？那个车库虽然离家很近，但是里面堆满了破烂，到处是灰尘、蜘蛛网，时不时地还会听到一些奇怪的声音。最恐怖的是，那里一扇窗户也没有，一点光也照不进去。

"马克斯，我想，我可能知道莫提莫尔在哪里了。"艾达咽了一下口水，颤颤巍巍地说道。艾达平时很喜欢看侦探小说，而且她喜欢推理，凭借自己的聪明才智去破解失窃案、失踪案、绑架案。现在，可是她这个小侦探大显身手的好机会。为了给自己鼓鼓劲儿，加加油，她压低了嗓音，模仿动画片里侦探的语气，说："马克斯，跟我来，拿上手电筒。"艾达转身就往门外走。马克斯跟在艾达身后，紧紧地抓着她的胳膊。

"艾达……我……我……我猜，莫提莫尔……它就在家里。咱们还是……再好好找找……"

"马克斯，你这个胆小鬼！还喜欢哈利·波特呢，要不，你改名叫'哈利·小胆'吧，哈哈哈，这样至少和他的名字有点像！可是，你怕什么呢？！"

"害怕？不不，我没害怕，没害怕……喂，艾达，你别把我一个人丢在这儿！你拉着我，咱们一起走。"

艾达和马克斯手牵着手，一起出了家门。车库的大门太旧了，根本打不开，艾达索性狠狠地踹了两脚，才把门打开。好不容易进来了。车库里黑漆漆的，什么也看不见。门一开，灰尘一下子都飞起来了，他们赶紧用一只手捂住鼻子。灰尘太多了，他们得在门口等好一会儿。艾达这才发现，他们两个一直手牵着手，哎呀，这样看起来可太傻了！所以，她赶紧找借口，把手从马克斯手里抽出来。

"松开我，马克斯。咱们得去找那只可恶的小黑猫了。你快用手电筒照照。"马克斯害怕地一个劲儿发抖，手电筒的光也不能给他安全感。这场景越来越像恐怖片里的情节了：一只失踪的小黑猫，一堆破旧的家具，被老鼠咬破的行李箱……不知道什么时候，就会从某个地方冒出来一队僵尸，或者一个面目狰狞的人偶……啊，一定会出现的……

"马克斯，你有没有闻到什么动物的气味？我好像闻到了狗的味道。"有了这样意外的收获，艾达兴奋极了，她好像被什么东西附体了一样，一下子冲进旧家具堆，在那些破家具、烂箱子之间钻来钻去，就像一条灵活的、充满了能量的蛇。"啊哈！快看！我找到毛了！马克斯，你看，仔细看，这可不是猫的毛，这些毛比较长，应该是狗的毛，万岁！"

马克斯还站在车库门口没进来呢，他可什么气味也没闻见。因为一遇到灰尘，他的鼻子就不通气了。他听见艾达在里面兴奋地又喊又叫，特别想知道她到底发现了什么。他握紧拳头，鼓起勇气，终于走了进去："快让我看看，是，这些毛是比较长。但是要确定这些是不是狗毛，还得在显微镜下面好好看看才行。"

"我们可没那个时间，马克斯。相信我，我的直觉不会错的！这里藏着的不是猫，而是一只狗。"

"但是，艾达，昨天莫提莫尔明明是一只猫，一只奇丑无比的猫！一只爪子非常锋利的猫！你看它把我的胳膊挠的……"

"有没有可能，莫提莫尔既是一只猫，又是一只狗？就像电子那样！我在西格玛博士借给我的书上读到过……"

"猫就是猫，不可能同时是两种东西。要么是猫，要么是狗。"

"可是，猫是由电子组成的！还有质子和中子……电子就可以同时是两种东西！既是波，也是粒子！"

"是吗？！我好像也听过类似的说法。但是……"

"马克斯！我们的猫可能是一只量子猫！"艾达激动得眼睛都放光了！

弗里奇新奇资料大放送

我们把这样一种事物（比如电子）可以同时呈现波和粒子两种状态的性质，称为波粒二象性。这是量子力学最基本的假设。直到今天，人们对波粒二象性本质的认识，依然不是特别清晰。

既然已经揭开了波粒二象性的神秘面纱，接下来，我再告诉你们一件事情：量子世界的某些物质可以同时是两种不同的东西。但是，猫，不可以……猫不可能具有波粒二象性。当然，哆啦A梦除外，哆啦A梦是无所不能的。

在我们进入波粒二象性的世界之前，我们需要先好好地了解一下粒子和波。朋友，你更喜欢波，还是更喜欢粒子呢？

是波，还是粒子？

马克斯："我更喜欢粒子，因为粒子的定义更加明确。"

艾达："我更喜欢波！波波！波波！波波万岁！"

正在看书的同学，你更喜欢哪个？你要选择哪支队伍呢？

勇敢地做出你的选择吧！

第一节 粒子

一个粒子，就好比一个无限小的小球，非常非常小，而且，非常非常圆。粒子是不断运动的，而且，它们还会相互碰撞，就像台球一样。

低成本小实验

把一张纸从正中间撕开，你能撕多少次？朋友，快去拿一张纸，把它对折，然后从中间撕开。然后拿起其中的一半，再对折，再撕开。和刚才一样？没错，就是和刚才一样。撕完这一半了吗？再把刚才剩下的那一半纸拿起来，重复刚才的动作，对折，然后撕开。现在，你面前的每张纸，都是原来的四分之一。拿起其中一张。你猜，接下来我们要做什么？没错！把它对折，然后撕开。接下来，你就慢慢撕吧，每次都是对折，然后一分为二。看看你能重复撕多少次。

朋友，你撕了多少次？我撕了9次。因为，我可是个量子狂魔。约上你的小伙伴们，比比看，你们谁撕的次数最多。

当你把一张纸撕成两半，你手里剩下的依旧是一张纸。当你把这张纸再撕成两半，你手里剩下的还是一张纸。就算我撕了9次，结果也是一样，剩在手里的还是一张纸。

那么问题来了：如果你能不停地撕下去，用手也好，用镊子也好，用金刚狼的爪子也好，用激光也好，总之，用什么都行，你得到的总还是一张纸，对吗？那么，会不会撕着撕着，纸就小到已经不能再继续撕了？

还是说，你可以一直撕下去，无穷无尽、没完没了地撕下去，撕到无限小？

最早的哲学家们也提出过这样的问题。没错，我说的就是那些大名鼎鼎的古希腊哲学家们。比如大家都知道的，亚里士多德和德谟克利特，当然，还有博物馆里那些叫不上名字的白色大理石雕像。他们大多是公元前5世纪之前的人。那个时候和现在一样，任何的辩论都有正方和反方——有些人认为，纸可以无限地撕下去。这些人是**"持续论"者**；还有一些人认为，纸不可能无限地撕下去，总有一个时刻，纸会小到不能再继续分割，那就到达了物质的最小状态，不可能再小了。这些人，是**"原子论"者**。

弗里奇新奇资料大放送

在希腊，最早支持原子论的人是留基伯和德谟克利特。然而，他们的理论没有普及开来，因为古典学派的大智者——亚里士多德反对原子论，他坚持认为，物质的分割是没有终结的，是无穷无尽的。

这张小得已经不能再小的纸，就被希腊的原子论者们称为"原子"。原子论的代表人物是**德谟克利特**。但是，和支持持续论的人相比，支持原子论的人实在是太少太少了，所以，他们不得不屈服了。唉，我仿佛能听到持续论者在说："你这个微不足道的原子论者哟，真可怜！"

注意

Átomo（ἄτομον），也就是"原子"一词来源于希腊语，这个单词由a、no和tomo三部分构成，本义是"分割"，也就是说，这个单词最初表达的意思就是"不能再分成更小的部分"或者说"是不能再分割的了"。真棒！除了学习物理知识以外，你还能学习了一点希腊语！虽然可能没多大用处。如果你现在到了希腊，然后满大街喊átomo、átomo、átomo、átomo，当地的人一定会觉得你需要一颗螺丝，或者一整个工具箱。

德谟克利特认为，我们周围的一切，比如石头、房子、穿着印花衬衫的人……这一切都是由原子组成的。如果你按照不同的方式去组合这些原子，就会得出不同的东西，就像乐高玩具一样。

弗里奇新奇资料大放送

组合原子就像玩"我的世界"游戏一样：在游戏中，你可以把3个木块和2根木棍拼在一起，组合成一把斧子；也可以把1个木块和两个木棍拼在一起，得到一把铁锹，等等。原子之间的组合也是这样：通过把不同的原子组合在一起，你可以得到泥土、骨头、石头、木头、沙子、玻璃，等等等等。

两个世纪过去了，人们依然不能判断持续论和原子论这两方到底谁对谁错。直到1803年，约翰·道尔顿做了一个实验，首次证明了物质的分割是有终结的。道尔顿提出了原子的定义，并且指出，**所有的物质都是由这些肉眼看不见的微粒——原子组成的。**有些原子组合在一起，成了生命最基本的组成成分：氢、氧、碳。有些原子则组成了其他物质，比如金、银、铜……

比如，盐是由两个原子组成的，一个钠原子，一个氯原子；空气主要由氧原子和氮原子组成；而我们人类，主要由碳原子、氢原子和氧原子组成的：一个原子在中间，其他的原子和它组合在一起……当然，还有很多其他的原子。

弗里奇新奇资料大放送

　　道尔顿出生在一个非常贫困的家庭，所以，他并没有受过很好的教育。他曾经以教师的职业谋生。但是，他被载入史册，完全是因为他对气象的研究以及他提出的原子理论。朋友们，你们知道"道尔顿症"吗？没错，就是色盲症。色盲症之所以也叫道尔顿症，是因为，道尔顿本人就是色盲症患者，他是第一个发现色盲症，并对色盲现象做出解释的人。所以，为了纪念伟大的道尔顿，人们就把色盲症称为道尔顿症。

原子是什么？

　　西格玛博士也到车库来了。现在可是凌晨三点钟，他穿着睡衣，外面套着做实验穿的白大褂，脚上穿着伊渥克族人的拖鞋，头上还带着卷发棒。要是不用卷发棒，白天的时候，他的刘海儿就不会那么高高挺挺地翘着了。

　　"孩子们，你们在这儿干吗呢？你们还好吗？"

　　"我们挺好的，西格玛博士。艾达正在给我讲波粒二象性，还有猫狗二象性，但是，我听得不是很明白……"马克斯说着，轻轻地耸了耸肩膀。

　　"现在可是凌晨三点钟啊！"西格玛博士强调说，"你们可真爱学习啊！粒子、电子、质子、原子，我为你们鼓掌，亲爱的孩子们！艾达，你这次夜谈会的主题选得可真棒！"

西格玛博士小课堂

　　虽然头上戴着卷发棒，身上还穿着睡衣，但是，西格玛博士的激情已经被点燃了。每次有人在他面前谈论科学，他都会这样。有时候，他会放声高歌；有时候，他会深情朗诵；还有的时候，他会以最快的舞步跳弗拉明戈舞……这一次，他站在一个摇摇晃晃的小板凳上，开始大声吟诵，就好像他正站在话剧舞台上一样："啊！地球围着太阳公转，同时，地球自己也在一刻不停地自转。啊！其他的行星也是这样。"

　　"马克斯，你知道太阳系有哪些行星吗？来吧，告诉大家！我和你一起说！这些行星是——**水星、金星、地球、火星**……一个原子就像一个太阳系一样。原子有一个核心，叫作原子核，其实就是一个小球，它就像太阳一样，位于原子的中心；**电子就围着原子核转**，但是它们有的离原子核近，有的离原子核远，就像那些行星一样。**原子核由质子和中子构成**。来，让我指给你们看。快来，快来。"

名称：电子
电荷：负电荷
质量：9.10×10⁻³¹kg
位置：原子核外

弗里奇新奇资料大放送

朋友们，你们是不是有过这样的疑问：电子和原子核之间有什么？答案是——非常广阔的虚空！如果我们像哈利·波特一样，有魔法，可以把小的东西变大，那么我们就可以把原子变大，变得非常非常大，无比巨大，比如，放大个几十亿倍，然后，我们就可以清晰地看到：

——原子核就像一枚大头针，钉在足球场的中间。

——电子就在观众席上转着圈跑。

——中间，什么都没有！完全是空的！

原子内部几乎完全是虚空的。**天啊！原来我们都是由虚空组成的啊！太不可思议了！**

那么，不同的原子之间有什么区别呢？**答案就是：**不同的原子，它们的质子数、中子数和电子数是不一样的。比如说：

· 一个氢原子含有1个质子、0个中子和1个电子。

· 一个铁原子含有26个质子、30个中子和26个电子。

· 一个金原子含有79个质子、118个中子和79个电子。

也就是说，世界上的所有物质，都是由这三种粒子构成的：质子、中子、电子。但是，粒子是什么呢？

量子学小提示

我的小朋友们，你们会不会有这样的想法？ 既然金子和铁都是由原子组成的，原子又都是由质子、电子和中子组成，难道我们就不能把很多铁原子融合在一起，让它们变成一个金原子吗？那样，我们不就把铁制成黄金了？没错！这就是所谓的炼金术！**把普通金属转变成黄金**，那可是炼金术士们追求了几千年的梦想啊！炼金术是一门非常神秘而复杂的学问，其中包含了科学、神秘学、神学，还有魔法。它在欧洲存在了2500多年，直到19世纪才被科学否定。然而在此之前，很多科学家都曾经进行过炼金术的尝试，其中就包括艾萨克·牛顿。

不太明白？那就钻进我们的虫洞去看看吧！

虫洞
p. 167

科学发展到今天，人们终于发现，把铁变成黄金这件事，是有可能发生的。真的有可能！只不过，需要在一个温度非常非常高的地方才能实现，比如说，星球爆炸的地方，用专业的科学术语，应该说——超新星爆炸。在星球的内部，温度极高的地方，会发生核聚变，也就是说，**铁原子的原子核可能会和其他更轻的原子核聚合在一起**，所以，有可能，会变成金原子。

第二节 波

　　波，是振动在空间里传播的一种形式。你是可以看到波的！去找一根绳子吧，把绳子的一头固定住，然后快速地上下摇动绳子的另一头。你会看到整条绳子都上下翻动起来了，振动就这样传播出去了。我最喜欢波的一点就是，它能传递能量，但是不会把介质也传递出去。介质会起伏摆动，但是不会被传递出去。在刚刚说的绳子的实验中，如果绳子是从房间的一边拉到另一边的话，那么你摇动绳子的一头，能量就会随着振动，传递到绳子的另一头，但是绳子的这头并不会跑到房间的另一边去。

　　在生活中，波到处都是。举几个例子吧，大海中有翻滚的波涛，蛇弯弯曲曲地爬行，对了，还有声音，我们看不见的声音也是由波组成的。你知道为什么手机上有互联网吗？你猜对啦，就是因为手机能通过波，来接收和传递信息。要是没有波，就没有网了。

波太厉害啦！波万岁！

如果你做了上面说的绳子的实验，你一定注意到了，波有高峰（我们称为波峰），也有低谷（我们称为波谷）。波最重要的特征之一就是波的长度（我们称为波长）：两个相邻波峰之间的距离。

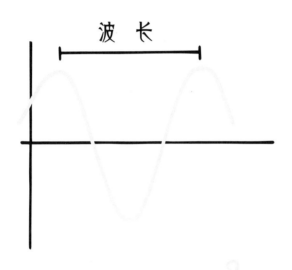

低成本小实验

首先，你需要把你们家厨房里的洗碗槽灌满水。其实，灌满一半就行了。现在，你需要找一块小石头，一块小金属或者随便一个小东西，但是，一定要稍微沉一点，不能太轻。然后我们要做的，就是把这块小石头从水槽上方扔下去，看看水池里会发生什么。这不是什么新奇的事，平时大家都看见过，但是这次，请你一定要仔细观察：水面上形成了一些小波浪，这些小波浪组成一个一个的圆圈，从中间往外扩散，越往外就越大。这就是我们说的波。

现在，到了动脑子的时候了！

准备好了吗，我的小爱因斯坦，请你想办法，尽可能准确地测量出水槽里**波的长度**。

你打算怎么进行测量呢？把你的实验步骤写在笔记本上，然后，按你的计划去测量，别忘了，把测量结果也记录下来。

温馨提示：你可以在水面上放一把长长的尺子……这个办法听上去好像很傻，但是，确实可以量出波的长度。

波还有一个特点，就是它可以在空间中任意传播。你一定在洗手池中看到过这个现象：当你打开水龙头，水就会冲击到池底，然后朝各个方向飞溅开来。这还不算什么，更了不起的是，波能够到达任何地方，任何角落。这是因为**波会反弹**。当波碰到障碍物的时候，它不能穿透障碍物（波可不能把障碍物吃掉），而是反弹起来，然后朝着另外的方向继续前进。朝哪个方向的都有！我们把这个现象叫作**反射**。

弗里奇新奇资料大放送

朋友们，注意了！当你说话的时候，你就发出了一些波，这些波会传到你的小伙伴的耳朵里。但就算你说话声音再小，数学老师也总是能听到。**因为波会反射，一遇到障碍，波就会自动反弹，传向各个角落。** 所以，有人在浴室里一边洗澡一边唱歌，你坐在客厅里也能听得到。再比如，在爬山的途中，如果你在山谷里大叫一声，你就会听到，大山用同样的话来回应你！**这就是回声：** 声波从你的嘴里发出去，碰到山上的岩石就会反弹回来，再进入你的耳朵，就好像大山也有耳朵有嘴一样，它不仅可以听到你的话，还会学你说话呢。

我最喜欢的波的特点是它的折射。哈，**折射**——多么神气的名字啊！连名字都这么神气，这个东西一定很神奇吧！没错，它就是很神奇。我们来做个小实验：你去拿一个杯子，倒上一些水，然后去找一把勺子，插进水里。现在，你从杯子的侧面看。呀，勺子好像断了、折了，但其实，勺子并没有断。不信你把勺子拿出来看看。怎么样？我没骗你吧！**当波从一种介质**（比如空气）**进入另一种介质**（比如水）的时候，就会发生偏折，也就是，改变方向。光就是这样的！空气中的光让我们看到了一半的勺子。但是，光一旦进入水中，就发生了偏折，所以，另外一半在水里的勺子就和在空气中的那一半勺子接不上了。这是因为，**光也是一种波**。

"不，不对，你别胡说八道，艾达。光是由粒子组成的，我有科学为证，绝对错不了！"只要马克斯想回应艾达的话，他的反应可快着呢！

"你真是固执己见。光会反射，会折射，光是一种波！"

"非常好，孩子们。"西格玛博士摩拳擦掌地说，"你们两个都对自己的说法提出了充足的科学依据，所以，这件事情，只有一种解决方法……"

"我们进行一场关于科学哲学理论的大辩论？"马克斯问。

"每个人提出一种可行的实验方案，然后各自去实验室做实验，来证明自己的说法是正确的？"艾达提出了第二种方案。

"不，那样的方法都不管用。我们唯一的办法就是，举办一场……"

足球赛！！！

光到底是什么，是粒子还是波？

欢迎来到量子体育场，今天，我们将在这里迎来一场世纪之战。绝对是经典中的经典，前所未有，不容错过！今天的太阳真是光芒万丈啊！是阳光赋予万物生命。有了阳光，植物才能生长。有了阳光，我们才能看见这世界。这都要感谢光的反射：光碰到物体就反弹回来，然后进入我们的眼睛。但是……

光到底是一种什么物质呢？它是由一种粒子组成的？**还是一种波呢**？

很多大名鼎鼎的物理学家们就这个问题争论不休，他们中有些人认为光是由粒子组成的，有些人认为光其实是一种波。所以，今天，他们分成了两队，要在这里一决高下！我们的世纪之战一触即发！先来看看两支队伍的强大阵容吧：

同学们，你支持哪一队？你觉得光是什么？一种波还是一种粒子？你要加入"艾达——波"队，还是"马克斯——粒子"队？现在就做出你的选择吧！

艾达——波队	马克斯——粒子队
詹姆斯·克拉克·麦克斯韦（队长）	艾萨克·牛顿（队长）
古列尔莫·马可尼	勒内·笛卡尔
托马斯·杨	阿尔伯特·爱因斯坦
克里斯蒂安·惠更斯	亚里士多德
海因里希·鲁道夫·赫兹	皮埃尔·伽桑狄

让我们用最热烈的掌声和欢呼声，欢迎这两支队伍进场，他们即将为探寻真理而战！两队的成员都是物理学界的泰斗级人物，针对光的本质这个问题，他们都坚决拥护本队的主张。

由哪一队先开球呢？我们掷个硬币来决定……好！结果出来了，由粒子队开球！裁判举手示意，哨声响起，比赛正式开始。

首先带球的是亚里士多德，他从球场的右边线发起进攻。当心，他躲过了一个、两个、三个对方防守球员！哎呀，球被对方切走了，但是很快，他又把球切了回来，好样的，带球前进，传球……球被对方球员惠更斯劫走。比赛才刚刚开始，两队就都发起了猛烈的进攻。很明显他们都迫切想要证明：我们队才是最强最棒的！

科学家简介
亚里士多德

亚里士多德生活在公元前4世纪。他认为光是由粒子组成的。在亚里士多德生活的那个年代，想法要比实验重要得多。所以，他只是说出了这样的想法，却从来没有想过，要通过实验去证实自己的想法。某一天的早上，亚里士多德从床上坐起来，说了一句："**光是由粒子组成的。**"就完成了。人们就相信了！我们都知道，哲学家们都非常擅长思考和辩论。但是，对于科学来说，只会思考是远远不够的——必须要证实这个想法是正确的才行。

粒子队现在占据上风。亚里士多德把球传给了牛顿……牛顿飞快地带球前进，对方球员根本来不及防守。哎呀呀，不得了！他的身手简直就像一个巴西足球健将啊！他冲到对方球门前，抬脚，射门！哎呀，遗憾！球撞到了球门的边框。唉，差一点就进了！

科学家简介
牛顿

牛顿是人类历史上最伟大的科学家之一。他的很多重要发现，都是在他母亲的农场上做实验的时候实现的。他最伟大的成就之一就是对光的研究。牛顿发现，白光，也就是太阳光，是**由很多种不同颜色的光组成的**。他做过一个非常精密而又有趣的实验：他使用玻璃棱镜，将光分成了很多不同颜色的光束。就这样，他解释清楚了很多问题，其中就包括，彩虹是怎么形成的。虽然牛顿认为光是由微小的粒子组成的，但是，他没能证实自己的想法。

场上的气氛很紧张。波队也感受到了不小的压力。好，现在由马可尼开球。漂亮！一个长传，球进入了对方半场。托马斯·杨接到了球。来看看这个小将的表现如何，我们拭目以待。他突破层层防守，最后，躲过了亚里士多德。好！他眼前就有一个很好的射门机会！对方守门员已经做好了准备！球来了，球来了！

起脚！射门！耶！！！！杨成功骗过了守门员！

球进了！！！

球进了！球进了！球进了！波队先发制人，实现了全场第一次进球！现在，场上的比分是……

1：0

原子体育场上响起一片欢呼声和口哨声。在这一片沸腾声中，比赛的上半场已经接近尾声了。

科学家简介
杨

托马斯·杨是一名医生，但同时，他在物理学方面也有非常重要的成就。**著名的杨氏双缝干涉实验就是他进行的实验。**实验中，他让一束光穿过两条非常狭窄的、靠得非常近的缝隙。实验的结果和在你家的洗手池里同时扔两块石头是一样的：产生了两组环形的波，它们向各个方向扩散。在双缝后面，杨放置了一个屏幕，在屏幕上清楚地看到了干涉条纹，这就证明了，光具有波的性质。**光是一种波。**

好，下半场比赛开始了，波队首先发起了进攻。杨发球，他把球传给了麦克斯韦，麦克斯韦和赫兹打配合，赫兹先为麦克斯韦做防守，帮助他躲过了两个粒子队的队员。现在，两人交替前进，麦克斯韦来到了射门区，赫兹已经在离球门一米的地方做好了准备，麦克斯韦把球传给赫兹，赫兹射门！哎呀，踢空了！赫兹的脚擦球而过，没有踢中！粒子队的球员吓得心脏都快停止了。

科学家简介
麦克斯韦

因为牛顿是整个物理界的权威人物，所以人们很难接受光的波动学说，但是杨氏双缝干涉实验，让科学家们开始激烈地讨论、刻苦地研究，光到底是由粒子组成的还是一种波。越来越多的人开始相信，光其实就是一种波。但问题是，光到底是一种什么波呢？

1865年，麦克斯韦提出了一条关于光的科学理论：光波其实是一种电磁波。很快，赫兹就通过一项电磁波实验，证明了麦克斯韦的理论是正确的。后来特斯拉和马可尼利用了赫兹的电磁实验和麦克斯韦的理论，发明了无线电（广播）。

后来，在无线电技术的基础上，人们又发明了手机、电视、无线网等等。所以，再也没有人质疑光是一种波了。

粒子队到现在还没有得分，难道他们要坐以待毙了吗？比赛只剩5分钟了，再不进攻就没有时间了！

马可尼开球，他决定冒险冲破防守。当心！哎呀！防守不当！阿尔伯特·爱因斯坦巧妙地插入了一脚，把球劫走了！马可尼集中精力，提高警惕，时刻准备着要把球抢回来！好，马可尼开始抢球了。但是，爱因斯坦控球非常灵活，根本不给对方可乘之机！他躲过麦克斯韦的防守，左脚带球，快速前进，啊，他最擅长用左脚了……现在距离球门还有一段距离，但是，他好像要射门了！

爱因斯坦起脚，射门！全场爆发出来欢呼声！球进了！

球进了！球进了！！！

爱因斯坦这一脚为粒子队赢得一分！粒子队和波队现在是打成了平手。裁判员翻动了记分牌，现在场上比分：

1：1

科学家简介
爱因斯坦

虽然已经没有人再质疑光是一种波的说法了，但科学家们依然在对光进行着不断的研究和实验。

其中最神奇的一项实验就是我们所说的光电效应。**所谓光电效应，就是用一束光照射充电金属板时产生电流的现象。**光携带的能量可以让金属板表面的电子摆脱束缚，从金属板表面跳出来，形成电流。

这个实验的现象一直没有得到合理的解释，直到天才爱因斯坦提出了自己的论断。他提出：**光不是一种波，而是由一种粒子组成的。这些粒子以"包裹"的形式携带着能量，而且，每个包裹里只携带一份能量。**这些"包裹"，我们今天称之为光子。电子可以从光中获得这些包裹，就像你可以从爷爷奶奶那里拿到巧克力饼干一样。电子吸收光的能量之后，就可以跳出金属板表面，形成电流。只有这样，才能合理地解释，为什么会产生光电效应。

弗里奇新奇资料大放送

组成光的粒子叫作光子，在西班牙语中是fotón。没错，我们西班牙人说"自拍"也说fotón。

最早发现光子的人是爱因斯坦，但是他并没有给这种粒子取名。直到1926年，物理学家吉尔伯特·牛顿·刘易斯正式提出了光子的概念。

光子组合

爱因斯坦把握住了最后的时刻，把比赛扳成了平局。波队发起中场进攻，但是，没有时间了。裁判看了看计时器，吹哨……

比赛结束！全宇宙最具物理学色彩的比赛以平局宣告结束！

那么，光到底是什么呢？

"什么，你说什么？！怎么就平局了？"艾达气坏了，"这不可能，西格玛博士……裁判吹黑哨，要么就是有人花钱让他们踢假球，对吗？必须说清楚，光到底是一种波还是一种粒子……"艾达拽着西格玛博士的球衣，大声抱怨道。

"没有黑哨，也没有假球，艾达。欢迎你们来到量子物理学世界，大开眼界的时候到了：**光，既是一种波，也是一种粒子。** 光，同时是这两种物质！"

马克斯刚才一直无精打采的，都快睡着了，听到西格玛博士的话，又清醒了过来，也加入到谈话中。

"但是，这不可能！猫就是猫，不可能既是猫又是狗。椅子就是椅子，不可能既是椅子又是桌子。谁都知道：一样东西不可能既是这个，同时又是那个！它要么是这个，要么是那个！是这个就不可能是那个，是那个就不可能是这个。"

"但是，事实并不是这样的，我的小宝贝。虽然这很难让人相信，但是，在量子的世界中，这样的事情确实是真的：光，是一种波，但同时，光也是一种粒子。事实上，光是波还是粒子，取决于我们如何对光进行观测，也就是说，取决于我们在做什么样的实验。**来吧！欢迎大家进入波粒二象性的世界。**"

量子学小提示

虽然听上去很荒唐，但是，这并不是胡说八道。其实，最保险的说法是——光既不是一种波，也不是一种粒子，而是一种我们从未见过的物质，我们也不知道这种物质具有什么样的性质。我们能确定的事情是，根据观察角度的不同，光有时候是一种东西，有时候又是另一种东西。咱们一起来看看下面这幅图：

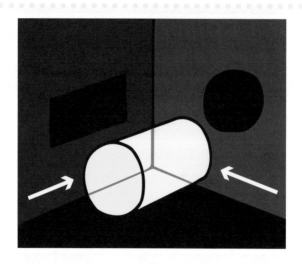

　　假设，我们只能看到墙上的投影。你们猜，摆在我们面前的物体是什么形状？有些人，从一个角度看，看到投影是个长方形，就说，那个物体是个长方形。另外一些人，从另一个角度看，看到投影是圆形，就说，那个物体是个圆形。那究竟谁说得对呢？事实上，两个说法都对。因为，实际上，摆放在我们面前的是一个圆柱体，从一个角度看，它是长方形；从另一个角度看，它就是圆形。

　　波粒二象性是量子世界中的一个非常新奇的视角。它让我们明白，很多时候，很多东西并不像看上去那么简单。不仅光具有这个性质，其他的粒子也具有这个性质，比如，电子。哈哈，怎么样，你现在是不是有点迫不及待了？想快点了解更多，关于电子的波粒二象性的知识，对吗？别着急，别着急。在第二章中，我们即将为你上演一场超级大揭秘。

艾达、马克斯和西格玛博士一起回到了客厅，小猫莫提莫尔正在沙发上安安静静地趴着等他们呢。你们看，它的身体缩起来，就像一个粒子；尾巴上下摆动着，就像一条波。

"哎呀，我可爱又漂亮的猫咪小宝贝。" 西格玛博士亲切地叫着。

"漂亮什么啊！"艾达说，她这会儿有点不开心了，"这只猫是一只量子猫。我们在车库里都弄明白了。它就像光一样，具有二象性，既是猫，同时也是狗。有狗的气味，还有狗的毛……你看，毛还在我这里呢。绝对是狗毛！那个旧车库，从1732年开始就没人进去过了。"

"除了我。当我学习太极拳的招式的时候，就会去那里。"西格玛博士说，"我放着轻松的音乐，一个人待在车库里，心态真是平静极了！"

"就算你进去过，西格玛博士，这些毛也绝对不是你的。你看，这些毛比你的头发更黑，也更粗。这些一定是狗毛！谜团就这样解开了，谜底就是，这只猫是一只量子猫！"艾达大声喊道。进行这番推理的时候，艾达拿着那些所谓的狗毛，放在西格玛博士的额前，和他的头发比了比，确定那些毛和他的头发颜色不一样。

"好吧，让我来看看，难道是……"说着，西格玛博士抬起了胳膊，露出他满是汗毛的胳肢窝。他拿起艾达手里的毛和自己的汗毛比了比，说："你看，这些真的是我的毛！谜题现在才终于解开了。好了，咱们快去睡觉吧！"

第二章
量子态叠加

折腾了一晚上，艾达和马克斯都累坏了。回去之后他们好好地补了一觉，一下子睡到了大中午。他们决定吃一顿丰盛的早餐，好好犒劳犒劳自己。两个人坐在厨房的餐桌旁，一人倒了一大杯牛奶，里面泡了超级多的饼干，还加了超级多的高乐高，牛奶都快变成巧克力色的混凝土了。

突然，楼上传来了几声巨响。好像有一只河马在楼上练习三级跳，准备去北京参加比赛呢！他们两个互相看了一眼，异口同声地说：**"莫提莫尔！"**

他们赶紧往楼上跑，刚到二楼，就听到了喵呜一声，紧接着，又是东西掉落的声音。声音是从阁楼上传出来的！

"这只该死的猫真是一刻也不消停！萨图妮娜姑姑挑宠物的眼光还真是独特。**咱们得在它闯下大祸之前找到它**，这只猫什么事都能做出来！"艾达大声说道。她拉着马克斯的手，飞快地往楼上跑。"快点，快点，马克斯，你这个胆小鬼，小猫要跑了！"

"我不是胆小鬼！只不过，阁楼上肯定满是灰尘……就像昨天晚上在车库里那样，你知道的，我对灰尘过敏……"

艾达狠狠地瞪了马克斯一眼。

"好吧，好吧，至少阁楼上有窗户。"马克斯屈服了，他一边说话，一边把衬衫的领子往上提，把鼻子和嘴都遮住。

他们打开通往阁楼的天井盖子，顺着扶手梯爬了上去。阁楼里的灯泡坏了，但是有足够的阳光射进来（光既是波，又是粒子，你们都还记得，对吗？）。阁楼的窗户上落满了灰尘，地板上到处都是废弃的破家具，乱七八糟的。

"快把天井盖关上，不然莫提莫尔又要跑出去了。"马克斯一边说，一边掀开了一块盖在旧家具上的破布，这块布的下面已经脱丝了，还挂着很多蜘蛛网。"艾达，快来，我找到线索了！"

"让我看看！"艾达一听说有了线索，赶紧跑了过来。"蜘蛛网……破了……这一定是莫提莫尔干的！它一定在这！"但是，他们找了好一会儿，连小猫的影子也没看到。艾达感到失望极了：

"你刚才也听到声音了，不是吗？"

马克斯点点头，可是他这会儿也没信心了。

"可能，它又从阁楼跑到别处去了吧。唉，谁知道呢。我说艾达，为了抓住这只调皮的猫，你都快走火入魔了。"

"什么，跑出去了？**从哪跑出去的？**天井盖和窗户可都关着呢！等等，难道，它是从换气扇的缝隙里钻出去的？"艾达说着，用手指了指阁楼里的那个小型电动换气扇。

"它是只猫，又不是老鼠。别开玩笑了，那点儿小缝它根本钻不过去。就算它会柔术也不可能钻过去！"马克斯摆出一副科学家的姿态，一本正经地说。

"那如果它是一只量子猫呢，它就可以从小缝里钻过去了，对吗？"马克斯好像没听懂艾达的意思，所以，艾达只好再给他解释一遍，**"就像刚才的实验那样！"**

"你说的是哪个实验啊？"

艾达叹了口气，说：

"就是那个证明光具有波粒二象性的那个实验！你还记得吗？我本来并不相信什么波粒二象性，所以，我就在西格玛博士借给我的书里查，结果，我真的找到了相关的科学依据。而且，我找到了一个特别厉害的实验，可以让你更好地理解波粒二象性。"

这个实验就是——双缝实验！！！

对光的波粒二象性进行了深入研究之后，物理学家路易斯·德布罗意想到，既然光具有波粒二象性，那么，其他的粒子，比如电子，也该具有波粒二象性。于是他大胆提出：**所有物质的波（也叫物质波），都该具有波动性！**后来通过不断地实验，德布罗意的观点得到了证实。这个伟大的科学家，他将光的波粒二象性成功地推广到了实物粒子，证明了实物粒子也具有波动性。因此，1929年，他获得了诺贝尔物理学奖。

弗里奇新奇资料大放送

有这样一个奖项，它的名字和诺贝尔奖很像，但是却不像诺贝尔奖那么有名气，那就是——**搞笑诺贝尔奖**。这个奖项，每年颁一次奖，获奖的都是非常非常好笑的研究，但是这些好笑的研究又都能够发人深省，能激起人们对科学研究的兴趣。比如，人类和大象尿尿的时间几乎一样长；如果把一根棍子绑在鸡的尾巴上，他就会像恐龙那样走路。还有很多很多这样有意思的实验。朋友们，你们还在等什么呢？快去网上找找吧！这些获奖的实验一定会让你笑得肚子疼，但是等你们发现它们背后的科学原理之后，一定也会学到非常多的知识。

但是，我们要知道，当时路易斯·德布罗意提出他的假设的时候，全世界都觉得荒谬，觉得难以置信。所以，必须进行非常大量的实验，来进行验证。朋友们，你们想不想试一试啊？

高成本大实验
在家里做双缝实验

朋友们，睁大眼睛好好看！ 通过这个实验，我们将证明，粒子不仅具有粒子的特性，而且具有波的特性。下面，我们就去监视这些粒子，看看它们到底具有什么样的特性。

你来想象一下，你很幸运地得到了一把手枪。不不不，等等等等，最好是一把冲锋枪。**这把枪可以一个一个地发射电子！** 很酷吧！没错，这把枪可以让你的头发产生静电，一根根都竖起来。但是，我们用这把枪可不是为了做这样简单的游戏。我们要用它来做一个非常重要的量子物理学实验。通过这个实验，我们将证明：**电子，也就是那些带负电荷的粒子，也可以体现波的性质。**

你觉得怎么样？是不是酷毙啦！

看好了，实验该这样做。

需要的器材： 你神气的电子枪，带有两条平行狭缝的金属薄板，一个电子监测屏。

接下来，我们来搭建实验器具：首先，我们将电子枪固定好，放在最左边；然后，把电子监测屏放在最右边；最后，再把双缝金属板放在电子枪前面，让它位于电子枪和监测屏之间。这样搭建的目的，是要看看，射向金属板的电子，经过双缝之后，是如何到达电子监测屏的。

如果电子只具有粒子的性质，我们在监测屏上将只会看到两条平行的亮纹。这样的话，我们得到的"粒子图谱"将会是下面左侧的图。

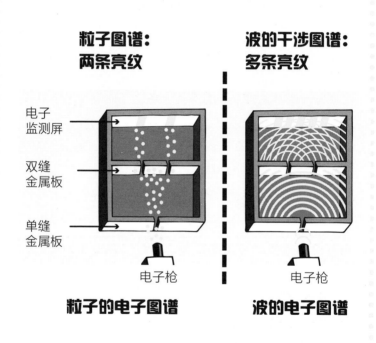

但是，如果电子具有波的性质，那么我们将会在电子监测屏上看到多条亮纹，也就是上图中右侧的图。**哈哈，看看你们一个个的小脸儿，没听懂是吧！没关系！**波的干涉现象是高难度的知识。别怕，快看看下面的小提示吧：

量子学小提示

　　朋友，我们来想象一下。两个大胖子同时跳进游泳池里。两个人的身边都会形成一系列的波，对吗？当一列波和另一列波相遇的时候，就会发生干涉。你们还记得吗？波上下起伏前进，形成波峰和波谷。如果，胖子先生1号发出的波的波峰，遇到胖子先生2号发出的波的波峰，两个波峰就会叠加在一起，形成一个更高的波峰。同样，如果两列波的波谷相遇，就会形成一个更低的波谷，在水面上形成一个更深的凹槽。那么，你们想想，如果胖子先生1号发出的波的波峰，遇到了胖子先生2号发出的波的波谷，会怎么样呢？两个胖子先生会被量子化，变成两个瘦子？不不不！不是这样的！但是，会发生更有趣的现象：两列波相互抵消了！波峰遇到波谷，它们就一起消失了！没错，同归于尽了！这时候，波就看不见了。

　　双缝实验也是同样的道理！两列波相互加强的部位就会在监测屏上被看到，然而，两列波相互抵消的部位，就看不到了。这就形成了所谓的"干涉图谱"。

　　那么，**我们究竟将会看到哪种结果呢？**朋友们，你们猜，双缝实验的结果将会是哪种图谱？

马克斯-粒子队非常清楚地知道，电子具有非常明显的粒子性。你愿意加入他的队伍吗？

还是说，你认为**艾达-波队**说的更有道理。电子也像波一样，具有波动性？

是波，还是粒子？

一定要注意，如果电子只体现粒子性，那么电子在碰到金属板的时候，就会发生反射。所以，只有穿过了双缝的那些电子才会到达电子监测屏。所以，我们看到的结果将会是：屏幕上只有两条平行的亮纹。

但是，如果，电子也体现波动性，**那么实验的结果将会是：**我们在屏幕上看到有多条亮纹的干涉图谱。

正确的实验结果是……

干涉图谱

这就证明了：**电子具有波动性！**

　　如果你刚才加入了粒子队，先别急着灰心丧气。虽然双缝实验的结果表明，电子具有波动性，但是还不具有百分之百的说服力。那些不赞同电子具有波动性的人现在分成了两派：

A. 好吧，好吧，我们承认，电子具有波动性……虽然……唉。

B. 实验结果不一定对！发射出来的电子，可能在实验中发生相互碰撞，所以改变了原来的传播方向。这样，就非常巧合地，形成了和波的干涉图谱一模一样的图纹。

人生就是需要怀疑的态度！！

就这样，事情变得越来越有趣了！这次的较量，谁会胜出呢？波队可不会轻易认输，所以，他们又设计了另外一个版本的实验……

双缝实验2.0版

为了打倒持B观点的人，**我们放慢了电子发射的速度，等到前一个电子到达监测屏之后，再发射第二个电子**，这样，电子和电子就不会相互碰撞，排除了电子之间的相互干扰。然而，实验得出的结果依然是——干涉图谱！**耶！波队的小伙伴们！你们胜利了！**通过这次实验，就证明了：电子也像光一样，具有波粒二象性，它甚至可以自己和自己发生干涉，就像波一样！

既然你只发射了一个电子，那么你一定会认为，这个电子只会从两条缝中的一条当中通过。但事实上，不是这样的！**它会同时从两条缝通过，因为电子具有量子的特点，它可以表现出波的特性。**电子，或者任何一种波，可以同时从两条缝中穿过，然后才可以自己和自己发生干涉。

如果我们真的去观察电子到底从哪个缝穿了过去，那会发生什么呢？朋友，你想知道答案吗？那就去看看第三章吧！

但是，事情还没有结束。认为粒子具有波动性的科学家们还想再更新一下他们的系统，于是，他们设计了更高级的实验版本：

双缝实验3.0版：发射更大的粒子

朋友们，先别这么激动。我看你们恨不得现在就把你们的神奇宝贝发射出去，好看看它是波还是粒子。别这么着急嘛！这个实验，只有发射大型的粒子才能成功，但是再大，也必须是**量子级别**才可以。1999年，在安东·蔡林格的领导下，一群科学家用富勒烯进行了双缝实验。哈哈哈，你们那是什么眼神！不知道富勒烯是什么，对吗？富勒烯是一种分子，由60个碳原子构成，外形就像一个足球，但是非常非常小（所以，富勒烯也叫足球烯，或者碳-60/C60）。

用富勒烯进行的双缝实验，也得到了干涉图谱。这就表明，**由原子构成的分子也具有波的性质**。所以，朋友，如果你最初选择加入了波队，那你就大获全胜了！但是，不管你怎样扭动自己的身体，让自己看起来像波一样，如果你面前有一堵墙，墙上有两个门，你也绝对不可能同时从两个门出去。你一定会撞在两个门中间的墙上！不信你试试！不不不，朋友，我就是开个玩笑，你可千万别犯傻啊！

量子学小提示

小猫莫提莫尔，它长得那么肥，是不可能具有明显的量子特征的。因为，只有用非常非常小的粒子来做实验，双缝实验的结果才会明显。小猫不行，皮卡丘也不行！

"也就是说，双缝实验证明了，粒子也是一种波……但是，它是一种什么波呢？"艾达问。

"什么？**我好像听见你说双缝？**"西格玛博士说着，像007那样，从房顶上倒挂了下来。结果他立马掉了下来，摔在一堆破家具上，扬起的灰尘从地面一直飘到屋顶，就像撒哈拉沙漠里的沙尘暴一样。但是，他的刘海，却一点也没变形。

"天啊，西格玛博士，你在练习倒挂金钩吗？"艾达说，"没错，我们刚刚在讨论量子物理学，但其实，我们只是想找到那只顽皮的小猫，莫提莫尔。所以……"

"双缝实验是科学史上非常重要，非常有意义的实验！"

"等我们找到小猫，你会和我一起，再做一次双缝实验的，对吗？马克斯？"艾达眼巴巴地看着马克斯，充满期待地问。

"快躲开，艾达，西格玛博士要站起来了！"

西格玛博士小课堂：概率波

西格玛博士像鲤鱼打挺一样，从地板上一跃而起，然后摆出来一个超人的姿势。唉，又扬起了满世界的灰尘啊。

粒子具有波的性质。波也具有粒子的性质。但是，我们说的是哪种波呢？难道是我的刘海上的波浪卷吗？是声波？还是大海中的波浪？不，孩子们，这些都不对。**粒子的波，也就是粒子波，是一种"概率波"**。这就意味着，粒子的世界是一个概率性的世界，是一个充满各种可能性的世界！在粒子的世界中，一个行动，它的结果不是唯一确定的，而是，存在多种可能性的，而且，出现每一种结果的概率，也是不一样的。举几个例子吧：掷硬币的结果可能是字也可能是花，从一副扑克牌里任意抽出一张，可能是黑色花，也可能是红色花。更神奇的是，很多事情，**可能会出现我们意想不到的结果**。比如，我们拿着篮球往墙上投，有可能，篮球会反弹回来，但是，也有可能，篮球把墙砸了个洞，从墙里穿过去了。

虫洞

p. 158

弗里奇新奇资料大放送

爱因斯坦不能接受世界是概率性的说法，于是他说："上帝从不掷骰子。"波尔回应爱因斯坦说："**亲爱的爱因斯坦，不要指挥上帝应该做什么。**"

买一送一：量子态的叠加

马克斯："所以，在量子世界中，粒子不需要选择是从这条缝穿过去，还是从另外一条缝穿过去，或者说，不需要选择原力的明亮面或是黑暗面，可以同时是卢克和达斯·维德！（编者注：卢克和达斯·维德是《星球大战》中的人物，分别代表原力的光明面和黑暗面。）这都是因为量子态的叠加！但是，这和小猫莫提莫尔从阁楼的缝隙里钻出去一点关系都没有。"

量子学小提示

量子态的叠加是一种现象，即粒子可以同时处于几种不同状态的叠加态，而且，这些状态可能是相互矛盾

的。 比如，从左边的缝穿过去和从右边的缝穿过去。

艾达："同时是卢克和达斯·维德？自己是自己的爸爸？我的天啊！马克斯，那可太好了！你自己可以允许自己看电视，看到多晚都行；你自己给自己钱去游乐园玩；你自己同意自己不打扫房间……"

马克斯："艾达，别异想天开了。同时是卢克和达斯·维德只是举个例子。叠加是不可能发生在宏观世界的。"

艾达："你闭嘴，马克斯，你可真扫兴！叠加多好玩啊！如果我们也会叠加，你能想象我们的世界会变成什么样子吗？你可以既老又年轻！既丑陋又帅气！既是好人又是坏人！既是原因又是结果！既是蜘蛛侠又是超人……

呀，那是不是既可以是活的也可以是死的？马克斯，你想想，要是莫提莫尔是一只量子猫的话，没错，它一定是一只量子猫，那么，它就可以同时是活的，也是死的！

一只半死半活的猫！也就是——

僵尸猫！！！"

"一只僵尸猫？你说什么傻话呢，艾达？！快走吧，咱们还得继续找。这只淘气的小猫肯定藏在什么地方了。"马克斯说着，往一张破旧的沙发后面看了看。

"走吧，西格玛博士，你去厨房找找看吧，说不定它在那呢。"

艾达和马克斯把整个阁楼翻了18遍，也没找到莫提莫尔的一根毛。突然，他们隐隐约约听见楼下有猫叫声。两个人急急忙忙从阁楼上爬下来，飞快地往厨房跑去。

"你们快看，孩子们，莫提莫尔在这儿呢。" 西格玛博士说。西格玛博士往小猫的碗里添了一点牛奶，小猫乖乖地趴在碗边喝了起来。一边喝，一边喵喵地叫着，还高兴地轻轻地摇着尾巴。

艾达和马克斯吃惊地看着小猫，小猫优哉游哉地喝着奶，西格玛博士轻轻地抚摸着它的后背。

"什么？！它竟然在这里！"艾达吃惊地叫道，"我们明明听见它在阁楼上！我就知道，这只小猫跟电子一样，可以同时出现在不同的地方。"

孩子们，一切事物都有终结，叠加也是有终结的。物理学家们把叠加的终结称为**退相干**。

注意

退相干或者说叠加态的丧失，是受到外界环境干扰的结果。

如果没有退相干，那么，事物就会一直处于叠加态中。我们的硬币就会既呈现字，又呈现花；一张扑克牌就会既是黑花，又是红花；小猫莫提莫尔就会既在阁楼，又在厨房。但是，**量子态的叠加是非常敏感的，不能受到丝毫外界的影响**，所以，必须和外界隔离开来。而且是非常严密的隔离。在一个绝对密闭的空间。需要用卫生纸、透明胶带还有铝箔把整个系统包起来，目的就是避免退相干的发生。**在实验室中，用来进行试验的量子系统都是通过真空箱来进行隔离的，真空箱里几乎没有微粒，而且，温度要非常非常低**（比如零下200℃吧）。这都是为了避免系统退相干现象的发生。

"好了，问题解决了。莫提莫尔是猫，不是电子，所以，它不可能出现状态的叠加。"马克斯说。

"完全正确，我的小科学家！"西格玛博士高兴地表示赞同，他这会儿正在吃艾达和马克斯剩在餐桌上的饼干呢，**"小猫不能和任何东西叠加，因为它不是粒子。也没有被隔离。"**

"可是，马克斯！"艾达生气了，"难道你觉得莫提莫尔很正常吗？它的行为太古怪了：它真的具有二象性，它还会叠加……"

"马克斯说得对，艾达，那是不可能的。但是……"西格玛博士话还没说完，突然看向了窗外，因为后院传来了一声猫叫。艾达和马克斯赶紧低头，往刚才小猫喝奶的地方看。

天啊！小猫又不见了！

他们两个赶紧从窗户上探出身去找小猫。结果看到莫提莫尔正站在花园的围墙上看他们，然后，它轻轻一跳，跳到花园外面去了。

"**小猫越狱了！它跑出去了！**"艾达急坏了，赶紧回头找西格玛博士求助。可是，西格玛博士也已经不在他们身后了，他哼着西班牙"男孩们"乐队的歌儿，大摇大摆地从厨房走出去了，根本不在意身边发生了什么事。

看到西格玛博士这样的状态，艾达和马克斯都呆住了，他们两个你看看我，我看看你，谁也不知道博士究竟发生了什么："**他这样……难道也是正常的吗？**"

《第三世界》第一集：我的妈妈处于叠加状态吗？

晚上好，各位热爱科学的小伙伴们。现如今，"量子化"这个词已经在我们的生活中流行开来，尤其是用来描述一些科学还无法解释清楚的事物和现象。比如"量子水""量子药""量子记忆""量子信息"等等等等，不胜枚举。我们已经知道，这些量子现象是不会发生在宏观世界里的，所以，也就不会发生在我们人类的身上。

但是，发生在萨图妮娜姑姑家厨房里的一切，不禁让我们浮想联翩。我们身边最亲密的人是不是也会有一些量子行为呢？今天，在《第三世界》中，我们就来大胆地畅想一下——处于叠加状态的妈妈。

谁小的时候没走丢过呢？在海边，在公园，在购物中心……小孩子经常迷路，和爸爸妈妈走散，这很正常。爸爸妈妈一个不注意，小孩子就可能走丢了，然后爸爸妈妈就要花好长时间，提心吊胆地找孩子。当妈妈终于找到走丢的孩子，她那颗悬着的心才会放下来。我们都听到过妈妈说类似的话："我真不知道是该好好亲亲你还是狠狠给你一巴掌。"

神奇的时刻到来了，朋友们！是亲亲你还是给你一巴掌？这一时刻，任何一个妈妈，都处于一种叠加状态——"亲你"和"打你"的叠加。这是转瞬即逝的一刻啊！任何外界环境的影响都会造成退相干，让这种叠加状态消失。

"亲亲我，妈妈！"走丢的那个小孩子回答。

然而……啪！这位妈妈在她的孩子的脸上狠狠地打了一巴掌。我得告诉你们，这一巴掌是真实的，和量子现象一点关系都没有。

像这种"亲你还是打你状态下的妈妈"，或者"我想站起来，可是沙发太舒服了，我又不想站起来"的想法，总会让我们觉得，量子的世界就在我们身边，无时无刻不在影响着我们的生活。唉，还是别做梦了！就像"量子信息"没有科学依据一样，"同一时间，既在亲你又在打你的妈妈"也是不存在的。我亲爱的小伙伴们，你们还是好好听妈妈的话吧！

量子学小测试
你处于量子叠加状态吗？

1. 当你必须要起床去上学的时候：

a. 你总是准时到达教室，然后，以饱满的精神开启愉快的一天。

b. 你会继续睡觉，一直睡到上午11点15分。

2. 你刚考完试，老师说，你考得不错：

a. 你得了满分100分。

b. 你只得了35分。

3. 你的小伙伴们在喊你出去玩，你跟他们说，我马上就来：

a. 你会马上下楼去找他们。

b. 你会继续在电脑上玩"英雄联盟"游戏。

4. 爸爸妈妈让你赶紧把自己的房间打扫干净，你回答说，我马上就打扫：

a. 20分钟以后，你把房间打扫得像新的一样，到处闪闪发亮。

b. 20分钟以后，你的房间还是像猪圈一样，又脏又臭。

大部分选择A：

你的生活被"退相干"支配。你不处于叠加状态。

大部分选择B：

很明显，你是一个隔离系统，你处在叠加状态中。这可能……会给你带来很多麻烦……但也可能不会。

第三章
量子态坍缩

"天啊！我简直不敢相信！"艾达惊慌地大叫，"这只该死的猫！它把客厅的天鹅绒窗帘撕破了！这回我们完蛋了！萨图妮娜姑姑会杀了我们的！我的妈呀！窗帘都变成破布条了！这只猫简直就是个终结者！不不不，应该是终结猫！我要杀了它！！杀了它——"

就在这时，马克斯抱着小猫莫提莫尔走了进来。小猫正在马克斯怀里惬意地仰面躺着，用舌头舔舔爪子，再用爪子擦擦嘴。

"艾达，这不可能是莫提莫尔干的，它刚才一直在我的房间里玩毛线球呢。"

"哦，是吗？！不是它干的是谁干的？！难道是金刚狼罗根？这只猫真是太狡猾了！我们看着它的时候，它就装出一副乖宝宝的样子，什么坏事也不做；我们一不留神，它就趁机逃走；然后等到没人的时候，它就大搞破坏！它经过哪里，哪里就像经历了一场大灾难！"

"你的意思是，莫提莫尔就像杰基尔博士和海德先生一样？"马克斯问。

"没错。而且莫提莫尔比他们还厉害，它是一只量子猫！我早就跟你说过了，马克斯。**莫提莫尔是终结猫和Hello Kitty（凯蒂猫）的叠加！它同时具有这两种性格，同时处于这两种状态。**"

"嗯，没错，它受环境的影响，受我们的影响！"马克斯说道，他终于明白艾达是什么意思了，"这就是量子力学啊！是量子态坍缩的结果！"

"我唯一能肯定的就是，当莫提莫尔在玩毛线球的时候，它同时也在撕窗帘。当我们一看它，它就停留在'乖乖猫'的状态。**其实，它自己可能并不知道自己发生了什么……**"

弗里奇新奇资料大放送

在量子力学中，粒子同时可以处于多种特殊状态的叠加中。

叠加会因为发生退相干或者受到环境的干扰而结束。退什么？退相干。这可不是说你的爷爷要和你断绝祖孙关系，不是的，别害怕。快翻翻书，看看上一章中，咱们是怎么讲退相干的吧！

其实，当我们在实验中进行观测或测量的时候，因为测量器具的干扰，叠加就会结束。

也就是说，**当我们对粒子进行观测的时候，它就会"坍缩"到某种状态，这时，粒子就不能再同时处于之前叠加中的各种状态了，而是只能停留在其中的一种状态。**所以，我们永远不可能看到小猫莫提莫尔同时处于两种状态：我们看它的时候，它只能处于某一种状态。

高成本实验
有观察者的双缝实验

这是不是让你回想起了双缝实验？

什么，你记不清了？那就快钻进我们的虫洞，再回去看看吧！

实际上，当我们一个一个地发射电子，让它们穿过双缝的时候，电子们是处于"从这条缝穿过去"和"从另一条缝穿过去"的叠加状态的。所以，我们才能在屏幕上看到波的干涉图纹。

虫洞
p. 55

物理学家们曾有过这样的疑问，如果一个电子真的可以同时从两条缝穿过去，那是不是太奇怪了。于是，他们开始设计实验，**想要通过实验来观察，电子到底是从哪条缝穿过去的。**注意，我们现在要观测的对象可是非常非常小的东西：电子是非常非常小的，用显微镜都看不到呢！所以，要想观察这些微小的粒子，就必须使用非常非常精密的仪器。那么，实验的难点来了——当我们观察粒子到底从哪个缝穿过去的时候，我们只能观察到：**粒子要么从这条缝穿过去，要么从另一条缝穿过去。我们无法观察到粒子的叠加状态。**

　　也就是说，当我们进行观察的时候，干涉图谱会消失，取而代之的，是只有两条亮纹的图谱。**这是因为，当我们观察电子到底在做什么的时候，就打破了"叠加"态，造成了波函数的"坍缩"，电子就失去了波的性质，而只能表现出粒子的性质了。**

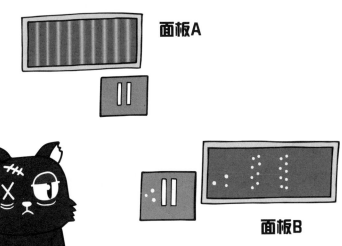

面板A

面板B

　　这就说明，只要观察者一看，波的性质就会瞬间消失，只剩下粒子的性质。艾达看莫提莫尔的时候，就是发生了这样的现象。只要艾达一看它，它就不再同时处于终结猫和hello kitty两种状态，而是只处于其中的一种状态了。

　　下面，我们用一个日常生活中的小例子，来更好地体会一下电子态的叠加和坍缩："啊哈"店的电子披萨！

　　我们现在来想象一下：我们拥有了魔法，我们把自己变得很小很小，像电子一样小。这消耗了我们大量的体力，就像刚跑完一场马拉松一样。让我们重新充满能量的最好办法就是——哈哈，去披萨店吃披萨！当然了，这里的披萨都是电子披萨，因为我们现在就在一个非常非常渺小的世界——微观世界。

　　"你好，我们要一个金枪鱼火腿披萨，带走。"

"好嘞！金枪鱼火腿披萨！'啊哈'店的现做披萨！不过，我可得提醒你一下，这是一个'金枪鱼'和'火腿'叠加的披萨。"

"嗯……我知道。"

披萨烤好了，我们拿上披萨，付了钱，走咯，我们去量子广场吃披萨咯！我们打开装披萨的盒子……啊啊啊啊！什么情况？！火腿在哪？披萨上怎么只有金枪鱼！我们要回披萨店去投诉！

"不好意思，我们的披萨上只有金枪鱼！你看，没错吧！退钱！"

"亲爱的，我刚才不是提醒过你了吗？你买的是一个金枪鱼和火腿叠加的披萨。金枪鱼和火腿是同时存在的。但是，当你打开盒子去看披萨的时候，就对披萨产生了影响，那就结束了叠加状态，

火腿披萨　　　　　金枪鱼披萨

夏威夷披萨　　　　培根披萨

披萨就坍缩成了金枪鱼披萨。如果你买100个'啊哈'披萨，那么，当你打开所有披萨盒子的时候，就会看到，50个披萨变成了金枪鱼披萨，另外50个披萨变成了火腿披萨。"

"我买那么多披萨干什么？！用披萨饼堆出一个比萨斜塔吗？！"

"哈哈，我就是打个比方。"

"好吧。你举的这个例子，很明显，一半的披萨变成了金枪鱼披萨，一半的披萨变成了火腿披萨。"

"要是在你生活的那个世界，这样一半一半的情况就是符合逻辑的，但是，别忘了，我们现在可是在量子世界啊！你要知道，在这里，叠加是真真实实存在的！一张扑克牌，可以处于'正面朝上'和'背面朝上'的叠加；一枚硬币的图案，可以处于'字'和'花'的叠加；你可以同时从两扇门走出去。量子级别的物质，都具有波的性质。波是可以传播的，可以同时出现在好几个地方；此外，波还可以相互加强、发生干涉，发生我们所说的'叠加'。"

"我生活的世界里也有波！海边就有波浪。当前一排波浪撞上岩壁，就会反拍回去，就会和后面一排波浪叠加在一起，这样叠加的波，有可能会消失。但是，火腿就是火腿啊！不是波！不能叠加！也不会消失！"

"在我们的世界，火腿也具有波的性质。所以，虽然披萨上放了火腿，当披萨受到外界干扰时，火腿就可能会消失，比如说，当有人打开披萨盒子的时候（用量子术语来说就是，当有人进行观测的时候）。这就是量子世界的'魔法'。现在你们了解我们的世界了吧！哎呀，你的披萨都凉了……需要再买一个'啊哈'披萨吗？"

"好吧，再给我来一个披萨。如果这会儿打开以后是火腿披萨，我就把这两个披萨叠起来，一起吃。嗯，热火腿加冷金枪鱼，也不错。"

发生在小猫莫提莫尔身上的情况也是这个道理。当它知道自己正在被人观察的时候，它就坍缩到某一个状态。但是，莫提莫尔到底有多少种不同的状态呢？

快跟着艾达和马克斯一起去探索一下，小猫莫提莫尔到底有多少种量子态吧。

"我敢肯定，莫提莫尔一定有很多种不同的状态。"艾达说。

"只有一种办法可以科学地证实莫提莫尔有多种不同的状态，那就是——在不同的时间观察它，还不能让它发现。"

"没错。到目前为止，我已经亲眼看到莫提莫尔的三种状态了。"

"什么，你是怎么做到的？"马克斯非常吃惊地问。因为观察莫提莫尔这件事，确实很难办到。

"哈哈，其实，我一直在给它拍照片。你看，你看，照片都在这儿了"：

Hello Kitty状态：这是莫提莫尔最平常的状态。把自己团成一个毛茸茸的球，安安静静地舔着自己的爪子（有时候还舔自己的屁股，真是恶心），或者开心地玩一个毛线球，或者优雅地喝牛奶。

简直就像一个小天使一样可爱。唉，这个状态是多难得啊！

惊恐状态：为了拍这张照片，我可废了不少劲儿呢。为了不让莫提莫尔看到我，我不得不全副武装——我戴上了萨图妮娜姑姑做电焊活儿时候的面罩、邻居家花匠在花园干活的时候戴的手套，穿上了西格玛博士的防弹背心、马克斯的超人衣服，还有我自己去参加朋克音乐会时穿的那双铁尖的靴子。我藏在窗帘后面，然后趁它不注意，突然跑出来，同时打开手里还拿着的吸尘器，哈哈哈，就是那个威力强大，可以把你脸上的痘痘都吸走的吸尘器。然后，我就拍下了这张照片：

忧郁状态：这个状态的照片很容易拍。莫提莫尔可以一连几个小时，一动不动地盯着某个地方看。就好像它直视了复仇女神美杜莎的眼睛，被变成了石像一样。有时候我都觉得它的视线具有"隧穿效应"。

莫提莫尔
怎么了？

虫洞
p. 155

朋友，如果你现在就迫不及待地想知道什么是"隧穿效应"，那就钻进我们的虫洞，到"第七章"去看一看吧！

终结猫状态：这是唯一一个我还没有亲眼看见的状态。这是一个假设的状态，这个状态中的莫提莫尔会摧毁它所到之处的一切：抓破窗帘啊，咬坏沙发啊，在桌布上尿尿啊，等等等等。

西格玛博士小课堂

"救命啊啊啊啊，救命啊啊啊啊！"远处传来西格玛博士的求救声，好像他快要窒息了一样，好像是从……沙发里面传来的！

"**西格玛博士，你在干什么**，你怎么钻到沙发里面去了？你这样夹在沙发里，就像热狗里的火腿肠。"马克斯问道。艾达赶紧把沙发上的靠垫撤走，好帮助这个行为古怪的疯狂科学家从沙发里面爬出来。

"我刚刚在找电视的遥控器。然后我听到你们在谈论量子态，就想赶紧加入你们的谈话，一激动，结果就……"

"你好像精神不太正常，西格玛博士！"

"哦，梳着我这样刘海儿的人怎么会甘做正常人呢！好了，回归你们刚才的话题。我们假设莫提莫尔真的是一只量子猫，那么，当我们不观察它的时候，它就同时处于所有的这四种可能的状态；**然而，只要我们一看它，它就只能停留在一种状态。**

"西格玛博士，我不明白。那其他的那些状态呢，消失了吗？"

"这个问题问得好极了，马克斯！几十年以来，最优秀的物理学家们一直在研究这个问题。但是直到今天，都没有人能够给出一个明确的答案。"

"好吧，好吧，好吧。"艾达回答道，"虽然还没有得出明确的结论，但是，**我想物理学家们一定提出了很多相关理论，来解释其他的几个状态都发生了什么。**对吗？"

"一点不错，艾达小宝贝。量子力学中有很多理论，都试图对这一现象做出合理的解释。我现在就给你们讲讲其中的几种，但是，我要抱着我可爱的小猫咪讲。**哎哟，我的小可爱，来吧。**"

"唉，家里已经乱七八糟了，不知道院子里是什么情况……"艾达有点担心。

弗里奇新奇资料大放送
哥本哈根诠释

哥本哈根是丹麦的首都，丹麦是位于德国和瑞典之间的一个美丽的国家。哥本哈根是一个充满魅力的城市，在那里，夏天的晚上格外短暂（早上四点太阳就出来），城里有很多城堡和公园，还有一座美人鱼像，当然，还有那所世界闻名的哥本哈根大学，尼尔斯·波尔和沃纳·海森堡就是在那里，写出了很多物理学的经典论文。他们于1927年在哥本哈根合作研究时提出，把电子波与发现概率联系起来，并主张"波包坍缩"。这种对物质—波的量子论解释，已经成为量子论的标准诠释。还有，我得告诉你们：乐高玩具也是在丹麦诞生的！谢谢您，奥尔·科克·克里斯蒂安森先生，丹麦的好木匠，乐高玩具的创始人。嗯，总之，如果你还没有去过丹麦，现在你就可以计划一次丹麦之旅了。

　　西格玛博士激动万分：

　　"啊！两个睿智的人，两个伟大的人，两个时代的巨人，两个物理学界的精英！"

　　"淡定，西格玛博士，你的头发都快飞起来了。"艾达说道。她总能在关键时刻拉住西格玛博士，不让他疯疯癫癫的。

　　"是的，**波尔和海森堡就是哥本哈根诠释的提出者**，啊，那是1927年，恰恰就在……"

　　"哥本哈根大学，博士，你都说了好几遍了！别再说了！"马克斯赶紧打断了西格玛博士，就怕他把讲过的东西再讲一遍。

科学家简介
海森堡

　　在哥本哈根大学的时候，海森堡是波尔的学生。波尔是一位非常了不起的物理学家，他曾经获得过诺贝尔奖。海森堡跟着波尔学习，进步非常快，后来，他甚至和老师在某些问题的研究上产生了不同的意见。但恰恰是因为他们两人经常持不同观点，才能在激烈的讨论中、不断进步、不断成长。最终，海森堡成了伟大的科学家、物理学家，并取得了很多重要的成就、提出了很多重要的理论。

"根据哥本哈根诠释所说，当我们观测一个粒子的时候，它的概率波就会坍缩到某一种状态，这种状态，是它所有可能状态中的任意一种。

"当我们观测它的时候？"艾达问道，她对这个问题特别感兴趣。

"没错。根据波尔和海森堡的说法，**就是我们用实验设备对粒子进行观测的这个举动，引起了坍缩。**也就是说，实验设备影响到了粒子，使粒子发生了坍缩。"

"我明白了！"艾达插话说，"在'啊哈披萨'的例子中，打开披萨盒子的举动就好比对粒子进行观测。我们一打开盒子，披萨就坍缩到一种状态——'火腿披萨'或者'金枪鱼披萨'。"

"那坍缩到这个状态还是另一个状态，是由什么决定的呢？"马克斯问道。他可是非常挑食的——"我不喜欢火腿，我希望打开盒子永远都是金枪鱼披萨"。

"很抱歉，马克斯，不可能永远都是金枪鱼披萨。哥本哈根诠释并没有解释'为什么'会发生坍缩，而是把这个现象规定为一个既定事实。**依照哥本哈根诠释来看，坍缩到一种状态还是另一种状态，是由量子概率决定的。**

如果莫提莫尔真的是一只量子猫，它由4种态叠加而来：He-llo Kitty状态、惊恐状态、忧郁状态和终结猫状态。而且，艾达每次给它拍照的时候，小猫停留在任意一种状态的概率都相同（也就是说，每种状态都有25%的可能性被观察到），那么，我们给莫提莫尔拍的所有照片中，它处于每种状态的照片，大概都占四分之一。

朋友，你们知道吗？

第二次世界大战期间，也就是在哥本哈根诠释提出几年之后，波尔和海森堡被归入了两个针锋相对的派别。这是因为他们的出身不同：波尔是犹太人，而海森堡是德国人。当时，纳粹德国和美国都在加紧研制核武器，因为，哪一方能先掌握核武器，就一定能在二战中取得胜利。于是，美国人就抓紧实施了"**曼哈顿计划**"，参与其中的就有科学家尤利乌斯·罗伯特·奥本海默和尼尔斯·波尔；与此同时，纳粹德国实施了"**铀计划**"，参与计划的科学家中就有奥托·哈恩和沃纳·海森堡。

这两方的科学家团队之间展开了非常激烈的竞争，明着是想比试一下，谁能率先研究明白核物理的问题，并发现新的核现象，但背后却隐藏着一个非常恐怖而且邪恶的目的，那就是——制造出原子弹，在二战中赢得胜利。

朋友们，如果你也是这些科学家中的一员，你会怎么做呢？

海森堡和波尔的故事充满了传奇色彩。海森堡知道纳粹党人要实施一次彻底的大屠杀，而他本人丝毫不赞成他们这样的做法，于是他暗自下了决心，必须做点什么来阻止这场大灾难。于是，他提前做好了预谋，背叛了纳粹，从纳粹德国逃出来，去了哥本哈根，去投奔他的老师尼尔斯·波尔。

海森堡这是用自己的生命在冒险啊！如果他被人发现和犹太人有联系，一定会给他判卖国罪，然后当场枪毙。**关于海森堡和波尔在那次秘密见面中，到底说了什么，做了什么，我们并不知道。**毕竟那是一次秘密的见面。但人们猜测，海森堡把纳粹的原子弹研究进程偷偷告诉了波尔，而且两人设计了一个计划，让海森堡去阻止纳粹科学家们的研究进程。这样，纳粹德国就无法赶在美国之前，研制出原子弹了。

后来，海森堡和波尔的这次秘密碰头事件在社会上流传得越来越广，甚至还拍成了话剧呢。什么？你不知道这出话剧的名字吗？猜也能猜到！没错，就叫《哥本哈根》。朋友们，你们看到没有，作为科学家，有时候是要承担很大的社会责任的。海森堡是个勇敢的人，他改变了历史。朋友，你也有改变世界的勇气吗？

平行世界理论（多世界理论）

毫无疑问，这条理论一听上去，就是一条非常神奇的理论。平行世界理论是由杰出的科学家休·埃弗雷特于1957年提出的。当他在研究哥本哈根诠释中所说的概率波的坍缩时，他发现，其实，这种坍缩有可能不发生。概率波可以永远不坍缩！根据平行世界理论，**当我们进行观测的时候，整个世界会展开成多个分支，每个分支出来的世界上，都有一种可能的状态，而整个世界就是这所有状态的叠加。**在"啊哈披萨"的例子中，当我们打开披萨盒子，世界就展开成为两个分支——金枪鱼披萨世界和火腿披萨世界，**也就是说，原来的世界分裂成了两个世界！**如果是多种状态的叠加的话，世界就会分成多个世界，披萨也会变成多种披萨：金枪鱼披萨、火腿披萨、培根披萨、夏威夷披萨，等等。

不——我不要！我讨厌夏威夷披萨！

"淡定，马克斯，我只是举个例子！其实，并不是概率波发生了坍缩，而是我们看到的，是我们所生活的这个分支世界，所处的状态。但愿我们生活的这个世界，不是夏威夷披萨的世界。当然，还有另外的'我们'，在另外一个世界，看到另外一种不一样的情况。高兴一点吧，马克斯。在另外一个世界，有另外一个你，看到的是金枪鱼披萨。"

在一个有两种状态叠加的实验中，整个世界就会产生两个分支，我们把这两个分支出来的世界，叫作平行世界：

1. 在一个世界中是金枪鱼披萨。
2. 在另一个世界中是火腿披萨。

在一个分支世界上存在的东西，在其他的分支世界上也一个不少：我们、披萨盒子、披萨、卖披萨的人，等等等等。只是，我们察觉不到世界分成了多个世界。

火腿披萨　　　金枪鱼披萨

夏威夷披萨　　　培根披萨

朋友，你想生活在哪一个世界呢？

在埃弗雷特的平行世界理论中，很重要的一点就是，世界的每一个分支都是无穷无尽的，独立的，不会相互影响的。一旦这些不同的世界被分离开，就永远不可能再相交了，所以我们才把它们叫作"平行世界"。朋友们，科幻电影中演的都是骗人的，不可以相信的！

也就是说，当艾达给小猫拍照的时候，就创造出来了4个平行的世界，在这4个世界中，小猫莫提莫尔分别处于4种不同的状态。

艾达："我想我明白是怎么回事了。马克斯，你刚才说，不可能是莫提莫尔撕破了客厅的窗帘，因为那时候它正在你的房间里玩毛线球。但事实上，当小猫莫提莫尔进入你的房间的时候，在另一个平行世界上的莫提莫尔，正处于另外一种状态——终结猫状态，就是它撕破了窗帘。"

马克斯："这不可能，艾达，因为我们看到的被撕破了的窗帘，就在我们生活的这个世界上。终结猫莫提莫尔是在另外一个世界里撕破的窗帘，不是在我们生活的这个世界。"

艾达："你没发现吗？马克斯？**这明显是世界与世界之间的交汇啊！**就在莫提莫尔进入你的房间的一瞬间，诞生了另外一个平行的世界，在这个平行世界中，莫提莫尔进入了客厅。于是，在同一时刻，但是在不同的世界里，小猫莫提莫尔既在你的房间里玩毛线球，也在客厅里撕窗帘。但是，就在某一个时刻，这两个世界不再是平行的，而变成了垂直的！这可是我们的伟大发现啊！马克斯！垂直世界！因此，在同一时间，终结猫莫提莫尔成为我们这个世界中的一个真实的存在，所以，我们才看到了眼前的一切——被撕破的窗帘。"

马克斯："艾达，你又开始胡思乱想，胡说八道了……那是不可能的。你不记得刚刚西格玛博士是怎么给我们解释的了。埃弗雷特的平行世界理论说，概率波会分支，从而产生平行的世界。这些世界互相之间是平行的！平行的！是永远不会相交、永远不会相互影响的！"

艾达："今天之前是不会相互影响的，那是因为，在今天之前，没有人见过量子猫。但是现在，这种情况确实发生了呀，马克斯！这是唯一的解释！"

小猫莫提莫尔可以从一个世界跳跃到另外一个世界吗？

艾达似乎创立了一条新理论——从一个世界跳跃到另外一个世界。这样的话，我们就可以在不同的世界之间进行互动了。我们甚至可以自己和自己互动！终结猫状态的莫提莫尔可以和忧郁状态的莫提莫尔相遇……哦，事实上，这样的相遇可能并不会产生什么好结果。

量子想象

朋友，如果你能跳跃到另外一个世界，你会干什么呢？

1. 你会把数学考试的答案抄下来。

2. 把小区附近所有的棒棒糖店洗劫一空，然后把棒棒糖全部带回你生活的那个世界。

3. ....

4. ....

5. ....

6. ....

但是，直到今天，从一个世界跳跃到另外一个世界这件事，都还是不可能的。就算真的存在多个世界，也是不可能的。再说了，谁真的看到过叠加状态的猫呢？只有粒子，或者由几个粒子构成的微粒，才能发生叠加现象。但是，猫是不可能的，绝对绝对不可能！窗帘到底是怎么破的？看来，咱们还得找找其他的解释。

"但是，西格玛博士！你在干什么呢？"马克斯问。

西格玛博士正在狠狠地用指甲挠窗帘呢。

"难道是你把窗帘弄成这样的？是你撕破的窗帘？"

西格玛博士停下来，看着艾达和马克斯。他们两个正瞪着大眼睛等在他回答呢。

"嗯，没错，确实是我。我想要打磨一下我指甲上的角质层，这样我的指甲才能闪闪发亮。"

"你说什么？！"艾达尖叫道。

"西格玛博士的意思好像是说，他喜欢用我们的窗帘打磨指甲，艾达。"

"没事，别担心，孩子们。你们认为是小猫莫提莫尔撕破了窗帘，这虽然不对，但是你们刚才所作出的一系列的假设，让你们学到了更多的量子物理学知识，让你们更好地理解了平行的世界，甚至还创造出了自己的新理论，比如，艾达提出的垂直世界的说法。"

"我发誓我要干掉西格玛博士……" 艾达小声对马克斯说。

"现在我得走了，我要去一所大学给学生们讲波粒二象性。我的指甲已经打磨得闪闪发亮了。对了，我还得带上你的足球，艾达。我要让他们也分成两队，进行足球比赛。"

量子学小借口

马上要上课了，但是，你发现你忘记做老师布置的物理作业了。你跟老师解释说，很抱歉，在这个世界的你没有完成作业。但是，幸运的是，另外一个世界的你确实做完了作业，而且，已经交给老师了。为了防止老师不相信你的话，你又补充说，那个世界的老师给你的作业打了满分10分！

今天轮到你买单了。但是，这个月你没有得到零花钱。因为你倒垃圾的时候没有进行垃圾分类，而是把所有种类的垃圾都扔进了同一个垃圾桶里。很明显，这是一个叠加状态。至少有9个平行的世界，在这9个不同的世界里，你都对垃圾进行了分类的：在这9个世界中，你分别往垃圾桶里扔了纸、玻璃、有机废弃物、塑料杯子、高密度聚乙烯管、包装袋，甚至还有猫屎。（咦，恶心死了）这样看来，你应该获得双倍的零用钱，但是，不幸的是，零花钱是在其他平行的世界中给你的！

第四章
不确定性原理

　　这一天的早上，小猫莫提莫尔特别烦人，总是做些惹人生气的事。大家都快受不了它了。别人走路，它就在人家的两条腿间蹭来蹭去，还时不时把自己团成一个球滚来滚去；艾达读书，它就跑过去趴在书上；马克斯玩电脑，它就跑过去把笔记本电脑的屏幕合上。真是淘气极了。艾达忍无可忍，趁莫提莫尔打滚到她旁边的时候，一把把它抓起来，关进了厕所。艾达在读托尔金的小说《指环王》，她那会儿正看得入神，不希望任何人打扰她。

　　而马克斯呢，他根本意识不到艾达的存在。当他打电子游戏的时候，好像世界毁灭了也和他无关，简直就像把自己密闭在另一个世界里一样。而且，他还嘴里一个劲儿地发出各种奇怪的声音，脸上做着各种搞怪的表情。艾达没事的时候总是学他、取笑他。

"马克斯，你闭上嘴行不行！**护送魔戒的人马上就要到精灵王国了！**"艾达生气地大叫道。原来是马克斯在模仿摩托车的声音，他正在电脑上玩摩托车比赛呢。

"你知道我根本停不下来的，艾达。你让我别出声，就像我让你别呼吸一样，都是做不到的事情。再说……"

马克斯话还没说完，他突然呆住了，看着窗户，说不出话来，游戏手柄也掉在地上了，他的摩托车一下子飞到悬崖下面去了。

"你怎么了，见鬼了？"

"艾达，你，你刚刚，不是把莫提莫尔关起来了吗？"

艾达听到莫提莫尔的名字，像弹簧一样一下子从椅子上跳起来，跑到马克斯旁边，往窗户外看了一眼。一只小猫正安安静静地趴在树枝上，懒洋洋地晒着太阳。那棵树离他们家可有好几米的距离呢！

"天啊！它是怎么跑到那里去的？我简直快被它逼疯了！"艾达气得两眼直冒火花。

"反正它不可能是从墙壁里穿过去的，这事我们已经说过好多次了。你确定把它关进卫生间之后，你用钥匙把门锁好了？"

"我确定！我用钥匙锁了两扣呢！但是，等等……**那只猫好像不是莫提莫尔！**"

马克斯吃惊地看向艾达。

"莫提莫尔是黑色的，右眼上有一条疤。这只猫虽然也是黑色的，但是它的疤在左眼上。你没仔细看吗，马克斯？那不是莫提莫尔，是'**反莫提莫尔**'，是它镜子中的反像！"

马克斯叹了一口气，用两只手用力地搓了搓脸。

"艾达，你又在说什么疯话呢？你脑子里到底在想什么？！"

"你不记得反物质了吗？"

"我读过很多关于反物质的书，艾达，但是，我从来没听说过反物质猫。"马克斯坚定地说。

小猫从树枝上跳了下来，跑到别人看不见的地方去了。留下艾达和马克斯两个人，继续在那激烈地争论。

科学家简介
保罗·狄拉克

20世纪30年代，保罗·狄拉克正在玩方程游戏（没错，科学家们的娱乐活动就是工作），他发现，**世界不止是由我们已经认识的粒子组成的。** 狄拉克的方程预言说：除了我们认识的电子、质子、中子以外，还应该存在它们的双胞胎兄弟——**反电子、反质子、反中子。** 听名字，好像这都是些邪恶的粒子，或者说，它们带有某种邪恶的力量，但事实并不是这样的。它们和我们已经认识的电子、质子、中子一模一样，只是所带的电荷是相反的。我们都知道，在科学上，光说是不够的，必须要去证实。反粒子的存在，是在几年之后才得到证实的。

1932年，卡尔·大卫·安德森，偶然发现了正电子（就是带正电荷的电子），这就证明了狄拉克当时提出的奇怪理论是正确的。

艾达："所以啊！因为我们有一只小猫莫提莫尔，它是由一般性的物质组成的，所以刚才出现的是一只'反莫提莫尔'，一只完全由反物质组成的莫提莫尔，所以它的疤痕才在左边——它们的样子也是相反的。"

马克斯："可是，艾达，你要知道，粒子和反粒子只能在宇宙的真空空间中同时出现，在萨图妮娜姑姑家的花园里是不可能的。再说，**正电子只能存在短短几秒钟，马上就会消失的。**"

艾达："可是，要是它们只能存在短短几秒的时间，我们怎么知道它们存在呢？"

西格玛博士："因为我们检测到了正电子呀！就像我可以测量沙发的长度和莫提莫尔喝的牛奶的温度一样。"

马克斯："因为想测量一下牛奶的温度，你就把大脚拇趾伸到莫提莫尔的奶里去了？"

西格玛博士："啊哈，是啊，用这个方法从来没出过错。"

艾达："西格玛博士，你真的是个怪人，有人告诉过你吗？。"

弗里奇新奇资料大放送

为了对我们生活的世界进行测量，我们根据物体的特征，设定了一些数量单位（长度、体积、重量、速度），来描述这些特征的多和少。这样，我们就可以**测量**能量、速度、距离等等。那么，西班牙的一米和法国的一米或者巴西的一米，是一样长的吗？是的。因为米的定义在全世界都是一样的——是光在真空中，在1/299792458秒的时间内跑的距离。这个值在全世界的任何地方测量都是一样的。**国际计量局（位于法国巴黎）负责规定计量单位的定义。**有史以来，在定义测量单位时使用的所有物理原器具，都存放在那里。比如，那里有一根长度为一米的标准尺（最初一米的长度就是这样定义的，和现在我们对一米的定义不一样），它就是长度测量的基准单位的标准；还有一个重量为1千克的标准器，这个标准器曾经为人类服务了整整140（在

2019年5月20日被新的标准取代了）。要是一米在不同的地方代表的长度不一样，那整个世界就该乱套了！朋友们，你们说对吗？

　　测量是一件很容易而且很实用的事。如果你想知道自己的头发有多长，拿起尺子量一量就知道了；如果你想知道把supercalifragi-listicoespialidoso这些字母念完需要多长时间，拿起计时器，记一下时就知道了；或者，如果你想知道莫提莫尔有多重，挂上秤砣，称一称就行了。但是，如果我们想知道一个原子的质量，或者，我们想知道地球到太阳的距离，或者，我们想知道一束光从手电筒射到墙上用的时间，该怎么办呢？这些可都不是容易的事情。毕竟，你不能制造一把巨大无比，能从地球一直量到太阳的尺子吧。

这些情况就需要我们都动动脑子了！

科学的魅力就在于此！

低成本小实验

　　你知道如何在不触碰电线杆，也不爬上去的前提下，测量出电线杆的高度吗？

　　如果你足够聪明的话，只用一把米尺就够了！提示一下：这个方法需要在有太阳的时候才能用。快想想，好好想想……

测量办法

　　物体在阳光下会有影子，在一年中不同的日期、一天中的不同时刻里，同一物体的影子长度是不同的；不同的物体，影子的长度也不同。所以，我们要做的，就是找到一个比电线杆矮的物体，然后测量一下其影子的长度。比如，一把笤帚，我们把笤帚的影子的长度和笤帚的长度进行对比。我们假设，量得的笤帚的影子长度是笤帚本身长度的一半，那么，在那一天的同一时刻，同一地点，所有物体的影子的长度都是它本身长度的一半。

　　啊！我们想到办法啦！我们只要量一量电线杆的影子有多长就可以了！如果，电线杆的影子长2米，那么我们就知道了，电线杆的高度应该是它影子长度的2倍，也就是4米。如果我们量得一个广告牌的影子长是3米，那么，这个广告牌的高度就是6米。哈哈，用这个方法，我们就可以测量任何物体的高度了！但是，**一定要记得，必须是在同一天中的同一时刻，而且在同一地点！**

　　朋友们，现在就到街上去吧！用这个方法去测量一下身边物体的高度，你会发现这个世界真是太神奇了，科学真是太伟大了！全世界的科学家们就是使用了像刚才那样的方法，还有一些更加高级、更加聪明的方法，测量出了很多不容易进行测量的东西。比如，地球到其他星球的距离，一个原子分裂所用的时间，等等。

不确定性原理

现在，我们已经是测量方面的专家了，所以，我们要再往前迈一步！我们现在来做一个最简单的测量——测量一张桌子的长度。

马克斯，你把卷尺拿过来，固定住这一端，好，读一下另一端的示数，OK了！桌子的长度是米23厘米。但是，你发现，这里面有一个困难：只要将米尺稍微移动一点点，我们就很难测出精确的长度。

而且，我们的尺子，最小刻度只到毫米，但是我们希望测量值更加精确而不是一个大约值。比如，1米22.9厘米，或者1米23.1厘米等等。你会选择哪个值作为桌子的准确长度值呢，这是不是值得我们去进一步研究、探索？

淡定，淡定！你不用急得抓头发，这个问题科学家们早就发现了，比我们早得多呢，而且他们已经找到了解决方法。那就是——取个近似值。绝对准确的测量，绝对正确的数值，唯一的数值，都是不存在的。**我们测量到的，都是近似值……都带有不确定的部分。不确定的部分是什么？就是我们不确定的值的一个大体范围。**比如，在桌子长度的测量中，我量得的长度是1米23厘米，但是，实际上，桌子的长度可能是1米22.9厘米，或者1米23.1厘米，或者是1米22.93423343厘米到1米23.09838239厘米之间的任何一个值……1米22.9厘米到1米23.1厘米之间的任何一个无穷数，都可以作为我们的测量值。都是正确的！所以，真正的科学家不会说"这张桌子长1米23厘米"，而是说"桌子的长度在1米22.9厘米到1米23.1厘米之间"，或者说"桌子长1米23厘米，存在1毫米的误差"。我们的不确定值是1毫米。这个不确定值还能缩小吗？当然可以了！除了用卷尺以外，我们还可以使用激光来进行测量，这样测量值就会更精确，不确定值就会缩小。但是，**我们能把不确定值缩小到什么程度呢？**

孩子们！不确定性原理是量子力学中最让人难以置信的原理，但它又是最基本、最重要的原理之一。所以，在我讲之前，你们最好去洗把脸，整理一下发型，做好思想准备。因为，我马上要讲的东西一定会冲击你的小脑袋瓜儿，一定会！

西格玛博士说着，拿出一瓶水，拧开就往自己脸上浇，但是，他特别注意，不让一滴水溅到他的刘海儿上，然后，他清了清嗓子，准备开始解释不确定性原理了。

沃纳·海森堡提出的不确定性原理说的是，一个微观粒子（比如电子）的某些物理量（比如位置和动量），**不可能同时被测量到精确的数值。**不论你的测量仪器有多精密，不论你投入多少时间去做实验，也不论你的观察力有多强……

如果你想更精确地测出粒子的位置，那么对速度的测量就会更不精确。如果你想更精确地测出粒子的速度，那么对位置的测量就会更不精确。这就是不确定性原理，是没办法避免的。有时候，我们也称之为**"测不准原理"**。

量子学小实验

我们来举个例子吧。朋友们，你们一定玩过魔方吧。现在，我想要拼出完全是绿色的一面，你能帮帮我吗？哇，你拼出来了，太棒了！现在，我想要完全是红色的一面，你能再帮帮我吗？哇，太厉害了，你也拼出来了！但是……你看，你在拼红色的这一面的时候，把原来绿色的那一面破坏了。要想同时得到红色的一面和绿色的一面是很难的，对吗？在量子物理学中，同时准确测得粒子的位置和速度这两件事不是很难，而是——不可能！是不可能的！唉，量子物理学可真复杂啊。

艾达叹了一口气。

"哎呀，谈了这么久的量子物理学，反莫提莫尔都不见了。你们看，它已经不在那棵树上了。咱们得找到它，然后向全世界证明，我们发现了一个新物种——世界上第一只完全由反物质组成的猫。"

"咱们从哪里开始找呢？马克斯，你说说，小猫都喜欢什么。"

"嗯，让我想想……啊，盒子！小猫都喜欢钻进盒子里！"

"哦，好吧，除了喜欢钻进盒子里，小猫还喜欢什么？"

"老鼠？"马克斯小声说。

"捕猎！如果我们想要找到反莫提莫尔，那只淘气的小野猫，我们就得去它捕猎的地方，去森林！去徒步！"艾达开心地笑着说。

说着，艾达一手抓起她的数码照相机，一手抓住马克斯的胳膊，飞快地往门外跑去。哈哈，她的力气可真大，马克斯的胳膊都被她拽红了。

说去徒步他们就真的去徒步了。马克斯小心翼翼地跟着艾达，为了保持安静，他大气都不敢喘，但是，他不小心踩到干树叶，发出了声音，惹得艾达生气地回过头，把食指放在嘴前，对着他说："嘘——"

他们进入了一片小树林，这里到处都是草丛和树木，风一吹，树叶哗哗作响，所有的其他声音都被遮住了，什么也听不见。他们踮着脚，慢慢地走着，想象着自己在找一只老虎、一只狮子，或者一只霸王龙！艾达是个想象力非常丰富的孩子，她的小脑袋瓜可是什么都能想出来。

马克斯终于找到了小猫，看上去，它好像真的在捉老鼠。

"我找到捕猎的小猫了！"他兴奋又骄傲地说。

"嘘——我敢肯定那不是莫提莫尔！没错，那不是**莫提莫尔**，不过，它们长得可真像！得非常仔细地看，才能看出它们的区别。要不是它的伤疤在左眼上，莫提莫尔的伤疤在右眼上……"

艾达已经找好了位置，她躲在一棵柏树后面，手里端着照相机，镜头瞄准那只猫……或者说，那只反物质猫。她屏住呼吸，全神贯注，时刻准备着，要拍下小猫的一举一动。

突然，小猫飞快地逃走了，艾达就像点燃的火箭一样，飞快地追了上去，一会往东跑，一会往西跑，手里的相机一会转向左边，一会又转向右边，就怕错过哪一秒的精彩瞬间。马克斯看到表妹这疯疯癫癫的行为，拿她一点办法都没有，只好快跑起来，追上她。

"**能给我看看你都拍到了什么吗？**"马克斯终于追上了艾达，气喘吁吁地问。

"我在挑战量子物理学！"艾达骄傲地回答道。

马克斯没说话，他知道艾达的话没说完，正等着她继续说呢。

艾达："**根据海森堡的不确定性原理所说，我们没办法同时知道某个物体的位置和速度，因为一个量的测量值越确定，另一个量的不确定程度就会越大。**而我，要突破量子物理学！

我在不同的地点，从不同的角度，给反莫提莫尔拍下了照片和视频。利用这些照片和视频资料，我就可以计算出它在任意时刻的位置，以及它奔跑的速度。我就可以战胜量子物理学！"

马克斯："艾达，那些量子现象，比如，不确定性原理，只适用于微观系统。在一只猫身上，不确定性原理是不适用的。"

马克斯并不喜欢和艾达唱反调，但是，有些时候他不得不这样做。

艾达："量子学的原理可以用在我们身上啊，马克斯，你忘了西格玛博士教过我们的知识了——我们都是由质子、中子和电子组成的。"

马克斯："如果你非要这么说的话，我们还是由光子组成的，你爱怎么说就怎么说吧……可是，艾达，天快黑了，咱们回家吧。就让那只小猫在这森林里捕食吧。再不走，这里就会到处都是可怕的影子和声音了……"

量子学小提示

不确定性原理对我们的日常生活几乎没有什么影响，因为只有在微观物质身上，不确定性效果才会明显。下面给出的是一个不等式，它所描述的就是不确定性关系，它可以帮助我们更好地理解不确定性原理。你们准备好了吗？关系式就在这里：

$$\Delta x \Delta p \geq h/2\pi$$

什么啊，这是什么啊？！你是不是觉得脑子要爆炸了？别生气，别着急。我第一次看见这个关系式的时候，我感觉自己的肋骨都炸飞了。朋友们别担心，咱们一点一点地慢慢解释，你们很快就会明白的。

弗里奇新奇资料大放送

描述不确定性原理的关系式不是一个等式，而是一个不等式，是通过不等号≥来连接的。这个符号读作"大于等于"。别急别急，朋友，马上我们就来讲讲这个关系式有什么用，以及它为什么这么重要。

徒步旅行结束了，艾达和马克斯回到了萨图妮娜姑姑家。他们坐在沙发上，满脑子里想的都是不确定性原理。他们激烈地讨论着，根本没注意，西格玛博士就坐在他们旁边的椅子上。

西格玛博士从衣服兜里拿出一顶圣诞老人的帽子，戴在头上，然后开始一边跳舞，一边唱《铃儿响叮当》。艾达和马克斯停止了讨论，盯着西格玛博士的表演，感到特别尴尬。但是，没关系，他们早就习惯了这个疯疯癫癫的博士了。

突然，西格玛博士说：

"**圣诞节有好多人要来我家吃饭呢！** 我该怎么安排他们就坐呢？我需要一张大桌子。不管什么颜色，什么材料，也不管多高，我对你们只有一个请求，那就是，这张桌子一定要足够大！因为，我的姐夫、妹夫、大舅哥、小舅子、丈母娘，还有一些我从来没见过的亲戚，都要来我家吃晚饭。所以，桌子必须**足够大**！因为我是个科学家，而且还是个帅气的科学家，所以，我已经提前算过了，桌子要多大才能让所有人都坐下。所以现在，我只给你们一个计算条件：**桌子的面积不得小于25平方米。**"

"孩子们，你们来帮我设计一张桌子吧！"

"没问题，先生。"艾达马上兴奋起来，"不过，我得把这把电锯拿走。免得我们干完活，圣诞节的时候，你不请我们去吃晚饭……"

"艾达，我想西格玛博士只是让我们帮他算一算桌子的尺寸。"马克斯说，"你看，他给了我们什么！"

> 长方形桌子的面积，
> 等于，一条边A的长度，
> 乘以另一条边B的长度。
> 两条边的长度都不能小
> 于1米。

西格玛博士的要求是：

$A \times B \geqslant 25m^2$

假设，一条边A的长度是3米。那么，另一条边B能不能是4米？3乘以4等于12，小于25。所以，不行。

那，另一条边B能不能是5米呢？也不行。因为3乘以5等于15，也小于25。那么，我们得设计，另一条边，大概长9米。这样，3乘以9等于27，就大于25了。

那，如果我们假设这条边A的长度是2米呢？那么，另一条边B的长度是9米的话，就不够了，边B得更长一些，得有13米。也就是说，**当一条边越短的时候，另一条边就得越长才行。**

边A（m）	边B（m）	面积（m²）
3m	9m	27m²
2m	13m	26m²
1m	25m	25m²

"西格玛博士，这是我们给你设计的3种方案。"马克斯说，"这样，圣诞节的晚上，桌子的问题就解决……"天啊！这是发生了什么？西格玛博士怎么穿上了女人的衣服？！

西格玛博士："嗨，孩子们，我想要一张桌子。一张长方形的桌子。不论什么颜色、什么材料，也不论多高。我只有一个条件：**桌子的面积不能小于25平方毫米。而且，桌子的每条边不能小于1米。**"

艾达："西格玛博士，你这是搞什么鬼啊？"！

马克斯："艾达，咱们就配合他，一起往下演吧！"

艾达："好吧，好吧。桌子面积不小于25平方毫米，这太简单了！我们的桌子可以一条边长1米，另一条边长3米；一条边长1米，另一条边长2米；一条边长1米，另一条边长也是1米……我们随便怎么设计，都可以。**因为一条边的长度，对另一条边长度的选择，不会产生影响。**因为，西格玛博士要求的桌子太太太太小了……好吧，应该说，那位西格玛女士要求的桌子……唉……这桌子用肉眼能看得见吗？"

弗里奇新奇资料大放送

朋友们，你们注意到了吗？这张桌子的计算式就和不确定性原理的关系式很像！在描述不确定性原理的关系式 $\Delta x \Delta p \geqslant h/(2\pi)$ 中，只有在左边的数量值（$\Delta x \Delta p$）和右边的数量值 $h/(2\pi)$ 相近的时候，才会有明显的效果。

哈哈哈！是不是比刚才明白得多一点了！

现在，我们明白了什么是不等式，而且，我们知道了，在描述不确定性原理的不等式中，非常重要的一点就是：不等号 ≥ 两边的数值要近似。接下来，我们就一起来看看 $\Delta x \Delta p$ 和 $h/(2\pi)$ 分别怎么计算。

我们来想象一下：艾达骑着自行车在环形轨道上骑行。马克斯带着测量仪器，他想知道艾达腾空反转后落地时的准确位置，和落地时的速度。没错，两个量他都想精确地知道。马克斯一定是疯了！

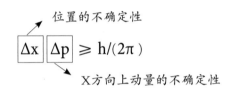

我们先来看不等式的左边。Δx **表示位置的不确定性**。举个例子，如果马克斯在测量中使用的尺子，和之前西格玛博士测量桌子长度的时候使用的尺子是同一把的话，那么，测量的不确定性值将会是 ± 1毫米。换算成米的话，就是 ±0.001米。

Δp **是X方向上动量的不确定性**。这是个听上去很奇怪的名字，对吗？但是，动量的定义其实很简单。对于艾达和她的自行车组成的这个整体来说，它的动量就是它的质量（也就是艾达和自行车质量的和）乘以它的速度。

马克斯用萨图妮娜姑姑家浴室里的体重秤，称出艾达和自行车一共重**65公斤**，落地的一瞬间，**它们的速度是7米每秒**。

那么，艾达和自行车的动量就是 $65\,kg \times 7\,m/s$，也就是 $455\,kg \times m/s$。我们假设马克斯测量的非常准，只有1%的误差，也就是说，动量的不确定性值为 $4.55\,kg \times m/s$。

现在，我们就可以算出不等式左边的数值了：

$$\Delta x \Delta p = 0.001m \times 4.55kgm/s = 0.00455kg \times m^2/s$$

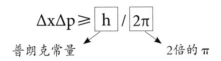

$$\Delta x \Delta p \geqslant \boxed{h} / \boxed{2\pi}$$

普朗克常量　　　　　　　　2倍的 π

　　赶紧做好准备，我们要继续讲了！不确定性原理说，$\Delta x \Delta p$ 的数值应该大于或等于（要记得，不等号 ≥ 的意思）$h/(2\pi)$ 的值。其中，h 是普朗克常量。h 是多少？答案是，很小很小：h 的值是 $6.62607015 \times 10^{-34}kg \times m^2/s$。如果我们不使用科学计数法（就是 10^{-34} 的形式），那就将会是：$0.000000000000000000000000000000000662607015kg \times m^2/s$。

注意 ！

　　只有当 $\Delta x \Delta p$ 的数值非常接近 $h/(2\pi)$ 的数值的时候，不确定性原理的效果才会很明显。

所以，你们觉得艾达和自行车的ΔxΔp的值ΔxΔp=0.00455kg×m²/s和h/（2π）的值0.0000000000000000000000000000000000105457182kg×m²/s相近吗？

很明显不相近！光是看看它们各有多少个零就知道了……

这样，我们就能明白了，为什么日常生活中我们根本察觉不到不确定性原理的效果。**不确定性原理的效果只有在微粒的世界中才有明显效果。**在微观世界中，距离值大都是0.00000000001米左右，动量差不多也就是0.0000000000000000000004kg×m²/s这样的数值。也就是说，这些值都非常非常非常小！

只有在微粒的世界中，Δ×Δp的值才能略微大于或者等于h/2π的值。所以：

如果Δx的值变小，那么Δp的值就得变得更大；

如果Δx的值更大，那么Δp的值就应该变得更小；

就像西格玛女士的桌子那样。

所以，在量子物理学中，如果位置的测量更加精确，动量的测量就会更不精确；如果动量的测量更加精确，位置的测量就会更加不精确。而对于宏观世界的事物，就像莫提莫尔，反莫提莫尔，艾达和马克斯的徒步旅行，等等等等，不确定性原则就像不存在一样——我们是察觉不到它的影响的。

"什么？！这样看来，我费尽心思拍的那些照片和视频，对于破解量子学问题一点用都没有！"艾达失望地瘫倒在沙发上，"我本来还为，我可以通过准确地测量一个由反物质组成的生物的位置和动量，来向量子物理学发起新的挑战……唉，我的热情都白费了……"

"唉，这些照片是真的什么忙都帮不上了。因为，这些照片全都照花了，每一张上小猫都在动，根本看不清。再说了，如果真的是一只反物质猫，根本不可能留下影像的。"马克斯一边浏览相机里的照片，一边说。**"而且，海森堡的不确定性原理也不适用于宏观世界的猫啊！"** 西格玛博士插嘴说道。他两只手里各拿着一面小镜子，左面照照，右面照照，想看看他的刘海儿从哪边看更好看。

艾达鼓起勇气说：

"我坚信，**反物质组成的猫是真的存在的**。因为我亲眼看到了！"

"既然你这么坚持自己的观点，我看，只有一种解决办法了……"西格玛博士整理了一下刘海儿，舔了舔自己的食指和中指，用沾了唾沫的手指整理了一下眉毛，然后，提了提裤子，哈，都快提到胸上去了。他用力一推，把旁边桌子上的东西全部推到了地上，然后自己站到桌子上去，准备给艾达和马克斯来一场精彩的演讲。

西格玛博士小课堂：
虚拟粒子

不确定性原理的不等式中包含两个变量，这两个变量成对出现，彼此的变化也相关，我们把这样一对物理量称为共轭（音è）量。我们之前研究的两个共轭量是位置和速度（或者说动量）。除此之外，还有其他的共轭量，比如能量和时间。

也就是说，在很短很短很短很短的时间内，能量会有一个不确定值。**换句话说，在非常非常短的时间内，真空中会凭空产生一**

定的能量。这个能量会怎么样呢？这个能量会产生一对一对的粒子和反粒子。这些粒子和反粒子，我们称为虚拟粒子。**它们存在的时间非常非常短，可以说是转瞬即逝，因为它们彼此之间很快就会相互击溃，然后一起消失。**正是因为这些粒子消失得太快了，所以，从来没有人真正见到过这些粒子。但是，我们知道，这些粒子是存在的，因为，我们可以测量到它们！也就是说，我们的宇宙无时无刻不在制造着粒子和反粒子对。这些粒子对就在宇宙的空间中，凭空地出现又消失。我们之所以能有这些重要的发现，都要感谢不确定性原理。

量子学小提示

如果说，宇宙中无时无刻不在产生着粒子和它们的反粒子，而且这些粒子和反粒子注定要相互湮灭。那么，构成我们的身体、我们的家、我们的宠物小精灵的那些粒子又是从哪儿来的呢？

它们的反粒子又在哪儿呢？

为什么它们没有在产生的一刻就相互击溃，然后消失呢？

这是科学界最大的未解之谜之一，直到现在，也没有人能做出合理的解释。我们都在期待着不久的将来，会出现一个天才，帮我们解开这个谜题。这个天才会是你吗，我亲爱的朋友？！

艾达："来来来，看艾达大魔术师变魔术了！玛尼玛尼哄……山羊河马大犀牛！看！我从帽子里变出了一只可爱的兔子！"

马克斯："兔子早就藏在帽子里了。那个帽子有两层，你是从另外一个夹层里把兔子拿出来的……"

艾达："不，这是我凭空变出来的兔子，是不确定性原理赐予的！"

马克斯："不可能！艾达！明明是你耍的诡计！真空中可以产生质子和反质子，电子和反电子等等，但是，一只大兔子是不可能的！兔子体内有太多太多的粒子了，是不可能凭空产生或者消失的。"

艾达："难道这不可能是一只虚拟兔子吗？"

马克斯："不可能的，艾达。你看，它是真实的兔子，它还在吃胡萝卜呢……"

反物质

要是世界上只有质子、中子和电子，那么科学家们会无聊死的！幸好，还存在着其他粒子……比如反粒子。

反粒子是我们所认识的粒子的双胞胎，它们的所有结构完全一模一样，只是带电量相反。也就是说，因为一个电子携带的是负电荷，所以，一个反电子一定携带着正电荷，其他的方面都和电子相同。为了区别它们，我们把反电子叫作正电子或者正子。因为质子携带正电荷，所以反质子一定携带的是负电荷。但是，最神奇的是——当一个粒子和它的反粒子相遇的时候，就会……嘭！发生剧烈的爆炸，然后，一起消失！粒子和它的反粒子是同时产生同时消亡的。它们就是物质的两个方面，一对注定要相互毁灭的双胞胎。

　　既然物质和反物质是相似的，那么，**正电子是不是会围着反质子转，它们会构成一个反原子吗？没错！**科学家们已经在世界最大的粒子物理实验室中制造出了反氢原子，也就是，氢原子的反原子。这个世界上最大规模的粒子物理实验室，属于CERN（欧洲核子研究中心）。反氢原子是在1995年制成的。这颗反氢原子必须

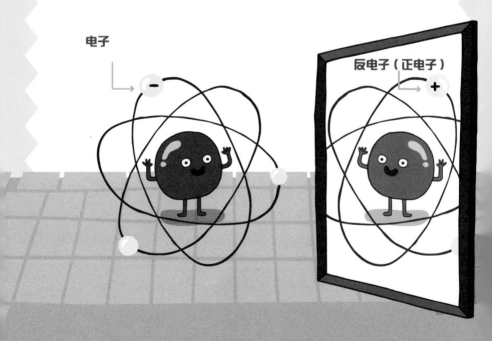

电子

反电子（正电子）

悬浮在没有任何粒子的磁场中。因为，一旦它触碰到任何东西，就会……嘭！消失了。

高成本大实验

我们需要的工具有：一个透明的容器，比如鱼缸；一块带凹槽的金属板，鱼缸可以牢固地倒扣在金属板的凹槽里；一个大盒子；一块抹布；酒精；一只手电筒；还有干冰。

首先，在金属板的凹槽内和抹布上倒入酒精。用抹布封住鱼缸的口，然后把鱼缸口扣在金属板的凹槽里。这是为了在密闭的鱼缸中，产生酒精蒸气。第二步，在大盒子里放上干冰，然后把金属板和鱼缸固定在大盒子的上端。现在，静静地等一会，我们的鱼缸装置中，马上就会出现云雾。第三步，关上灯，打开手电筒，照射我们的装置。现在，你从鱼缸的上面往鱼缸的下部看，也就是往贴近金属板的那一面看。如果你的装置做得足够好，你观察得也足够仔细的话，你就会看到有云雾形成的小线条，穿过你的鱼缸装置。那就是粒子运动的径迹！干冰的制冷作用使得蒸气变成了更稳定的状态：从气态变为液态。只要有粒子经过的地方就会形成小水滴，小水滴形成的路径，就像飞机飞过天空时留下的痕迹一样。**哇，我们看到了粒子的运动！更棒的是，这些粒子当中，有一些是反粒子！**

我们刚刚制作的那个设备就是一个**云室**。当初卡尔·安德森和罗伯特·密里根在加州理工学院（美国加利福尼亚州的一所知名大学）做实验，试图寻找正电子的时候，就是使用了云室装置。事实上，他们发现正电子完全是出于偶然。没错，当时他们做实验的时候，没想过会发现正电子。后来，他们两个人还获得了诺贝尔奖呢。看来，有些人的确是受命运眷顾的，能有这样的好运气！

　　此外，我还得告诉你们：反物质是世界上最贵的材料。反物质的产生需要经过剧烈的粒子碰撞，而且需要高精尖的技术。1毫克的反氢的价格可以达到几千万欧元。而要生产1克的反氢，不仅要花费好几百亿欧元，而且还需要好几千亿年的时间。

　　艾达："马克斯，你发现没有？如果能制造反物质的话，我们不仅可以生产反氢，还可以生产反铁、反碳、反氧、反金，等等等等；还有各种化合物，比如反水、反盐、反甲烷，等等等等。在世界上的任何地方，我们都会有装满反水和反鱼的反湖，'啊哈'店的反披萨，哈哈哈哈，甚至可以制造一个反马克斯！"

量子学小提示

　　朋友，如果有一天，你见到了"反你"，千万不要和他（她）握手啊！千万别忘了，当正物质和反物质相遇的时候，就会——嘭！爆炸，然后，消失得无影无踪。

反物质的应用

　　当正物质和反物质相遇的时候，就会嘭的一声发生爆炸！然后两种物质一起消失，转化为能量。**正物质和反物质相遇形成的爆炸，释放的能量可是非常非常巨大的。**任何一种其他物质的爆炸都无法和它相比——不管是汽油爆炸、火药爆炸还是原子弹爆炸，都无法与之相提并论。有这么多的能量，你能想象我们可以做多少事吗？

反物质弹
　　没错，我们能想到的，对反物质最简单的应用，也是最糟糕的应用，就是把它用于战争中。反物质弹的破坏力可以是最强大的核弹的威力的几千倍！一小包反物质的杀伤力，就要比当初投放在日本广岛和长崎的两颗原子弹加在一起的杀伤力，还要大得多！幸好，到目前为止，还没有哪个国家制造出反物质弹。否则，要是这样杀伤力巨大的武器落入像达斯·维德那样的坏人之手……想想都觉得害怕！所以，如果，朋友，你有一小包反物质的话，千万不要打开袋子，而且要格外小心，千万不要让袋子划破啊！

燃料

当然了！这么巨大的能量，我们可以用来生产超快速汽车，还有快到可以飞起来的火车！因为，反物质释放的能量，是普通燃料，比如汽油和煤炭，释放的能量的几百万倍！如果现在你面前就放着一辆超快速车，它使用的燃料就是反物质，哈哈哈，朋友，你敢坐吗？轻微的一个小碰撞，就会——嘭！把你炸得烟消云散……

虽然对于路上交通工具来说，使用反物质来做燃料太危险了。但是，反物质燃料可以用于海底城市啊！你没看错！就是海底下的城市！完完全全沉没在海底的城市！就像海绵宝宝生活的地方一样！哈哈，很棒吧!

太空旅行

如果反物质燃料可以用在太空飞船中，那么，太空旅行将不再是梦！使用反物质燃料以后，宇宙飞船的速度将能够达到10%到50%的光速，这样的话，我们就可以在太阳系里随意旅行，就像从马德里到巴塞罗那一样简单。而且，如果反物质的量足够多的话，我们还可以在整个银河系里穿梭，想去哪颗行星就去哪颗行星，想去哪个恒星，就去哪个恒星。

医疗

反物质在医学方面的应用已经成为现实。现代医院已经开始应用反物质来制造扫描仪，通过PET技术（正电子发射型计算机断层显像技术）及时地发现人体中的肿瘤。

虽然几克的反物质的碰撞，就能释放足够的能量，把我们的地球炸成两半。但是，两个粒子的碰撞并不会造成很严重的破坏（可能我们根本察觉不到它释放的能量），而且，还能帮助我们寻找肿瘤。在不久的将来，我们还可以利用这一技术，在特定的位置消除肿瘤，比如脑子里的肿瘤。现在，我们已经在做相关方面的试验了！

已经是深夜了，但是，萨图妮娜姑姑家的花园里依然像白天一样明亮。因为，花园里有一个巨大的灯塔，每天晚上9点34分，就会自动点亮。马克斯走到窗户边，说：

"你快看，艾达，莫提莫尔和反莫提莫尔正在草丛里玩呢。"

"是啊，**幸好，他们没有碰撞在一起**。到头来，原来反物质猫只是我的一场梦。只有双胞胎才会一模一样。"

"表兄弟也有可能长得很像啊！你看，两只小猫玩得多开心啊！看着它玩耍，**我觉得世界真美好！**"

"天啊！你是不是傻了，马克斯？我要回屋去看书了，我的书可比这两只猫有意思多了！"

艾达回自己的房间继续读《指环王》了，她想：要是护送魔戒的人拥有一小袋反物质的话，在护送魔戒去精灵王国的路上，就不会经历那么多灾难了。

马克斯呢？他也回到了自己的房间，继续打他的电子游戏。嘴里时不时地发出奇怪的声音，就好像他嘴里的口香糖碰上了反口香糖一样——嘭！嘭！嘭！

第五章
量子纠缠和量子隐形传态

"因为这只小猫，我每天都能学到很多有意思的东西！"艾达在她的同学群里写到。因为最近每天都能学到很多很多关于量子物理学的知识，艾达特别想把自己学到的所有东西都讲给她的伙伴们听。她的伙伴们也非常开心听她讲冒险故事和新奇的知识。这一天下午，艾达正在看从西格玛博士那里借来的书，当然，是按照"艾达方式"进行阅读——戴着耳机，晃着头，坐在客厅的折叠椅里，就像一只电动玩具蜥蜴一样。

马克斯站在厨房，手里端着一杯胡萝卜柠檬汁，那可是西格玛博士给他的保持健康的秘密配方。他看着坐在客厅里的艾达，在心里说："天啊，请刺瞎我的双眼吧！我眼前看到的是什么？我不是产生幻觉了吧！艾达穿的是一件画着原子的浴袍吗？天啊！她的疯魔状态真是越来越糟糕了！一定是学习了太多量子物理学的知识，让她走火入魔了！"

"马克斯！！！有了有了！我有了！"

艾达一下子从折叠椅上跳了下来，更确切地说，是从椅子上滚了下来，然后飞快地向马克斯跑去。折叠椅"啪"一下合了起来，夹住了她的小腿，她也不觉得疼，戴着耳机，穿着那件原子浴袍，风风火火地跑向厨房。那场面真是太可怕了！

艾达一下子扑到马克斯身上，马克斯的果汁差点就洒了。

"我有了！"

"有什么？世界上最奇怪的浴袍吗？没错！你确实有！"

"什么浴袍啊，是关于莫提莫尔的问题的答案！这只猫会隐形传态，就是动画片里演的瞬间移动！我亲爱的表哥！"

"艾达，量子物理学让你失去了理智！你已经走火入魔了！你刚才说的是不可……"

马克斯赶紧闭嘴了。他知道，一旦他说出"不可能"三个字，艾达一定会马上讲一大堆量子物理学的知识，来堵住他的嘴，还会让他看西格玛博士在书上做的笔记。马克斯有种预感，今天又将是格外开心而劳累的一天……艾达又要带他去各种冒险，各种折腾了！

"没有什么是不可能的！在量子物理学中，**隐形传态是可以实现的，甚至说，已经实现了！**"

"要是隐形传态可以实现，早就成为我们最常用的出行方式了！不用烧汽油、节省燃料、没有污染、速度又快，最重要的是——酷！谁没幻想过，自己可以瞬间移动啊？！"

"你别老跟我唱反调，难道你是我的反物质吗？隐形传态真的是可以实现的！《飞哥与小佛的时空大冒险》中就演过，他们制造出了可以隐形传态的照片，不是吗？"

"是，当然是！但是**"飞哥与小佛"是动画片**，艾达！"

"那《星际迷航》和《星际之门》呢？还有《哈利·波特》！魔法粉末！他们在一个地方消失，又在另一个地方出现……还有《龙珠》里的悟空，他也可以隐形传态！"最后，艾达拿出了必杀计！她知道马克斯是不会否定孙悟空的！那可是他最爱的动漫人物！

"哦，亲爱的艾达，你的理由可真充分！《哈利·波特》，《星际迷航》，行了吧，那都是科幻电影，艾达！在现实生活中，隐形传态是不可能实现的，就算是孙悟空，也不可能做到！虽然我非常崇拜孙悟空，但是事实就是事实。"

"隐形传态是存在的，我在西格玛博士的书里读到过。我现在就证明给你看！"

"好啊，来吧！让我看看，你又发现了什么？"

"隐形传态的关键在于'量子纠缠'。"西格玛博士说，"通过量子纠缠，即使相距再远，世界的这一端发生的事情，也可以**瞬间**影响到世界的那一端发生的事情。是一种……远距离幽灵作用（也叫'幽灵般的远距离相互操作作用'）！"

"但是，这个世界上既没有鬼神，也没有幽灵，难道不是吗？你知道的，我……我怕鬼……"

弗里奇新奇资料大放送

"远距离幽灵作用"，是1935年爱因斯坦和另外两个物理学家——鲍里斯·波多尔斯基和纳森态罗森，提出量子纠缠理论的时候给它起的名字。因为他们当时认为，这样的事情是不可能的，所以起了这样一个玩笑似的名字。但是，要知道，事情有时候并不像它看上去那么简单！

艾达刚把折叠椅打开，把腿从里面抽出来，就听见有人敲门。是西格玛博士！这可是他破天荒第一次，像个正常人一样地出现。艾达和马克斯见到他，都高兴坏了。

"嗨，西格玛博士。艾达正在给我讲量子纠缠和量子态隐形传态呢！"

"哦！我以玛丽亚·斯克沃多夫斯卡-居里和放射性理论的名义发誓，这又是一个非常神秘、非常有趣、让人不敢相信的量子物理学课题！哈哈哈！光是听见它的名字我就热血沸腾了！哦，艾达，顺便说一下，你的浴袍可真漂亮！我也有一件一模一样的！"

艾达可不觉得这是什么好消息，因为她希望自己的浴袍是世界上最最流行的！独一无二的！马克斯倒了三杯果汁，拿给大家。

"告诉我，艾达，关于量子纠缠，你想要解释清楚什么？"西格玛博士一口气喝掉了一整杯果汁，然后问道，"因为，量子纠缠可是个非常复杂的问题。"不等艾达张口说话，西格玛博士就接着说了下去；**"量子纠缠是一组粒子的一个特殊性质，这些粒子没有自己的身份，也无法单独定义，而是彼此相互关联，一方的状态取决于另一方的状态。这就产生了一系列有趣的现象。"**

"这是什么意思？"马克斯不太明白西格玛博士的话。

"没错！就是这样的！马克斯。"艾达激动地说："你回忆一下咱们学过的量子态叠加！如果某一个粒子处于多种状态的叠加状态，当我们对这个粒子进行观测的时候，它就会发生坍缩，停留在某一个确定的状态。"

虫洞
p. 77

"说的没错，穿原子浴袍的小科学家。好吧，我们来想象一下：现在，我们有几个粒子，这些粒子全都叠加在一起，处于一种'联合叠加'的状态。**那么，当我们对这些粒子进行观测的时候，这些粒子都会发生坍缩，而且由粒子组成的整体也会坍缩**，停留在某一个'联合叠加状态'，或者说，某一个纠缠状态。"

"没错，西格玛博士。这些粒子确实是纠缠在一起的。其中每一个粒子的状态都依赖于其他粒子所处的状态。我和马克斯有时候也是这样：如果我把马克斯推进游泳池，他就会对我生气。我的'开玩笑'状态和马克斯的'生气'状态就是纠缠在一起的。我现在就证明给你看……"

"什么！推我进游泳池！你想都别想，艾达！"马克斯一边说着，一边赶紧跑到西格玛博士身后，躲了起来，"那么，为什么说，几个相互纠缠的粒子的坍缩是一种特殊的性质呢？艾达刚才说莫提莫尔可以隐形传态，这才引出量子纠缠这个话题的。隐形传态和量子纠缠有什么关系吗？"

"**因为相互纠缠的粒子并不一定要在同一个地方。**就算它们彼此之间隔着几光年的距离，只要我们观察其中的某个粒子，整个系统就会坍缩。没错，只要**观察其中某一个粒子的状态，我们就能确定其他所有粒子所处的状态了。不论这些粒子分布在哪里。**这就是隐形传态的基础。"

"整个系统中的所有粒子会在同时坍缩？不论它们彼此相距多远？也就是说，就算我和艾达之间隔着几百万公里，谁也看不见谁，如果艾达做出什么讨厌的事情，我还是会感到生气，是这样吗？"

西格玛博士已经激动地控制不住自己了：他的胸脯挺了起来，头发全都竖了起来，两眼放光，还露出了特别诡异的笑容……他好像变身成了另外一个人……

西格玛博士小课堂

量子纠缠是量子物理学中最神奇的现象，因为量子纠缠所产生的效果，在经典物理学中是不可能实现的。在经典物理学中，如果我们想知道某个物体所处的状态，就必须和这个物体待在同一个地方，或者通过某种媒介来传递它的状态，而且，就算我们用光速来传递信息，也不可能达到瞬时的效果。但是，在量子的世界就不用这样！我们的测量可以产生远程效应！不论另一方是在我们居住的小区外，我们的城市外，还是宇宙的外面！我们都可以瞬间知道它的状态！

我们来想象一下：现在我们有两个长得一模一样的双胞胎粒子，但是，他们的性质正好相反。比如，一个是阴，另一个是阳；一个是黑，另一个是白；而且，一个在马德里，另一个在巴塞罗那。接下来，注意了！**我们并不确切地知道它们各自的身份**，只知道，它们相互纠缠。也就是说，我们不知道哪个是阴，哪个是阳，**只知道它们两个的性质是相反的**。当我们对其中的一个进行观测的时候，我们就对它的状态造成了干扰，当然，也就知道了它的身份。这些大家都能明白。请注意，我们不能忘记，这两个粒子是相互纠缠的……所以……**见证奇迹的时刻到了！我们马上就能知道另一个粒子所处的状态！**不论另一个粒子在哪里，只要我们对一个粒子进行观察，同一瞬间，我们就能知道另一个粒子的状态！**阴和阳永远是相对存在的！**这个效应就是我们所说的量子隐形传态。这跟把一个物体瞬间移动到别的地方是完全不同的。

神奇的双胞胎：乒乒和乓乓
量子双胞胎的日常生活

乒乒和乓乓是一对双胞胎兄弟。他们长得一模一样，每天形影不离。唯一的区别，就是两个人头发的颜色不一样：一个是金头发，另一个是黑头发。他们走进了一家量子理发店，理发师给他们用了一种量子染发剂，结果，他们两个就进入了"联合叠加"状态："金头发的乒乒和黑头发的乓乓"与"黑头发的乒乒和金头发的乓乓"两个状态的叠加。这种"联合叠加"状态，或者说纠缠状态一直持续着，直到某个人看他们两个的时候，才会暂停——当有人看他们的时候，他们就会自动停留在"一个人是金头发，另一个人是黑头发"的状态。

乒乒："乓乓，这样的量子生活真好玩！"

乒乒和乓乓

乒乒："咱们试试能不能维持这样的纠缠状态，一直走回家！别让任何人看见我们！我从公园这边走。"

乓乓："好！那我走海森堡广场这边。我会尽量不让任何人看见我的。我对坍缩到一个固定的状态一点兴趣也没有。但愿坍缩的时候我能一直都是黑头发，金头发好像不太适合我……"

乒乒走进了花园，他看见一对情侣迎面走来，就赶紧纵身一跃，跳进了湖里。那对情侣坐在湖边，开始聊天。乒乒只好在水下面憋着气，等待着他们离开，他的头发黑黄黑黄地不停变化着。

乓乓走的是另外一条路。他看见迎面走过来一位老奶奶，就赶紧跳进一个垃圾桶，躲了起来。等老奶奶走过去了，他才从垃圾桶里爬了出来，然后，撒腿就跑。

乓乓一口气跑到家了，然后按响了门铃。

乓乓："妈妈，你快看，我的量子颜色的头发！"

因为妈妈看了乓乓，他的头发自动地停留在了"金黄色"的状态！

妈妈："什么量子颜色的头发？你就是金黄色的头发啊！非常纯粹的金黄色！"

这个时候，乒乒就变成了"黑头发"。哈哈，这会，他还在水下面憋着气呢……

"我觉得……"马克斯说，"量子纠缠，还有那个，那个'远距离幽灵作用'，都让我觉得，有点……"

"让你觉得害怕了！"

"什么啊，是让我觉得敬畏！"马克斯有点生气了。因为艾达总是嘲笑他胆小。

"没关系，我的小宝贝，没什么可怕的！ '远距离幽灵作用'只不过是量子物理学中的一个现象。伟大的科学家贝尔和阿斯佩已经证明了这一点。所以，我们一点也不必感到害怕。"

弗里奇新奇资料大放送

在爱因斯坦那个年代，人们还不知道如何通过实验来证明量子纠缠现象的存在，以及**"远距离幽灵作用"**的原理到底是什么。1964年，爱尔兰物理学家**约翰·贝尔**设想出了一个革命性的实验，可以证明量子纠缠效应。但是，那个年代的技术还不够成熟，无法完成这项实验。唉！真遗憾！

但是，到了1982年，这个实验成功了！一位长着小胡子的非常幽默的物理学家——阿兰·阿斯佩，首次证明了量子纠缠真的存在，量子纠缠是一种真实的现象！直到今天，科学家们还一直在不断地完善"贝尔实验"，一直在努力证明，对处于纠缠状态的系统的一部分进行测量，确确实实会影响到整个系统，不论这个系统的各个部分相距多远。**科学已经证明，这种"不限定地方"的性质，或者说，"远距离幽灵作用"是真实存在的！**

"而且，量子纠缠有非常广泛的应用。比如……**谁，是谁在那儿？**"

咳，虚惊一场。是小猫莫提莫尔，它不知道从哪里冒了出来。西格玛博士连忙走过去，抱起它，温柔地轻轻抚摸着，好像即将爆炸的超新星都能在他的抚摸下安静下来。

"比如，量子计算机！就是量子纠缠的应用。这个绝对厉害！但是，好像和幽灵没有什么关系。"马克斯说。

"这个例子举得真好，马克斯！"西格玛博士称赞马克斯说。"确实，计算机的未来发展趋势就是量子计算机，而量子计算机就使用了量子纠缠技术。"

量子学小提示

有很多事情，现代的计算机需要用很长的时间来处理。而这些问题，如果能够通过量子态的叠加和纠缠来解决的话，就会快得多。而且这项技术已经存在了！那就是——**量子计算机**。

淡定，淡定！朋友，你可别跑去电器城问这里卖不卖量子计算机！因为，量子计算机还没上市呢！量子计算机现在面临的最大难题就是，如何才能与外界环境隔离。因为，外界环境的影响会造成量子态叠加和纠缠的坍缩。但是量子计算机的运行只有在叠加和纠缠的基础上才能实现。

虫洞
p.69

现在的量子计算机只能在实验室里使用，而且还必须在极低的温度下，差不多零下270摄氏度吧！就是在北极地区，气温也没有这么低！

你能想象吗？**为了用量子计算机打一局电子游戏，你得和企鹅们挤在一起！科学家们正在不断努力，研制可以在更高温度下运行的量子计算机。**（编者注：2019年，美国宾夕法尼亚大学的研究者们宣布制造出了室温下的量子计算硬件平台。）

神奇的双胞胎：乒乒和乓乓
"是"或"不是"——考试的故事

乒乒和乓乓是一对神奇的双胞胎兄弟，他们在考试中总是得一样的分数，没有一场考试例外。

大家都说他们有瞬时的心灵感应，他们的行为就像一个人一样。

故事就这样开始了：他们现在上三年级，学期末的考试都是选择题。每个问题只有两个答案可供选择——"是"和"不是"。老师准备了两套试题，一套给A班的学生，一套给B班的学生。而且老师对试题进行了特别严密的设计：如果一道题，在A卷上的正确答案是"是"，那么B卷上，同一题号的问题的正确答案一定是"不是"；如果一道题，在A卷上的正确答案是"不是"，那么B卷上，同一题号的问题的正确答案一定是"是"。但是，三年级的学生们有可能会发现了这个秘密——当然了，因为先考试的那个班，会给后考试的那个班传答案！所以，老师要求，两个班，分别在两个教室里，同时进行考试，这样就没法传答案了。

就这样，这对神奇的双胞胎也被分开了：一个在A班，另一个在B班。但是，尽管如此，他们两个还是得了一样的分数。当他们中的一个人回答"是"的时候，另外一个就回答"不是"，每道题都是这样，没有例外。

出题的老师肯定他们两个作弊了，其他的同学们也这样认为。但是没有人能说出来，他们是如何作弊的。就连一直在考场里监考的老师也不知道，他可是一直在看着他们两个啊。

大家提出了三种可能性：

可能性A：他们通过某种方式提前知道了考试题。为了避免这种情况的发生，老师们模仿了《复仇者联盟》中的方法，没有人能在考试开始前提前看到题目。

可能性B：这对双胞胎兄弟在考试中使用了手机、小型话筒或者其他什么设备，偷偷地传递答案。老师们在考试的时候一直在他们身边盯着他们，试图发现他们的作弊工具。

可能性C（暂时没有人同意这种可能性）：这对神奇的双胞胎可以发生量子纠缠，他们可以通过"幽灵般的远距离相互操作作用"瞬间传递答案。他们就像是连体婴儿一样，有心电感应。但是，大家都知道，这是不可能的。

难道真的有心电感应吗？

这就是他们的考试的故事。

"西格玛博士，既然量子纠缠已经被证明是真实存在的了，而且，我们还将量子纠缠应用到了量子计算机上。那么，比粒子大的物体呢？也会产生量子纠缠效应吗？我们用肉眼可以观察到吗？比如，人，会不会发生纠缠？莫提莫尔有没有可能是量子猫？它会纠缠吗？会隐形传态吗？会坍缩吗？会……"艾达总是问起问题来就没完没了。

"说实话，我可爱的小科学家。一个活生生的人出现量子效应，这……是不可能的。**量子系统既不像毛毛虫那样毛茸茸、胖乎乎，也不像莫提莫尔那样温柔又漂亮。**"西格玛博士一边说，一边轻轻地抓着莫提莫尔的毛，好像在给它做放松按摩似的。莫提莫尔非常喜欢博士这样爱抚它，它吐出舌头，在西格玛博士的脖子上舔了舔，作为对他的回应。

"**真恶心！**西格玛博士，莫提莫尔这样舔你，你不觉得恶心吗？"艾达问。

西格玛博士把莫提莫尔轻轻放在地上，整理了一下衬衫的领子，那件衬衫上还写着描述不确定性原理的关系式呢！西格玛博士回答说：

"莫提莫尔这么可爱，我怎么会觉得它恶心呢？艾达，我要告诉你的是——**量子系统可以由电子、原子或者几个原子构成的分子组成**，但是一只猫，是不可能成为一个量子系统的！"

量子学小提示

很多由各国专家组成的研究小组已经通过各种先进的技术，**成功地使一个包含几百万粒子的系统，产生了纠缠效应。**这些技术中包括超低温、磁场，等等。

什么？你把一块磁铁放进了冰箱里？！哈哈，你这样做可不能使豌豆和巧克力冰激凌纠缠在一起。你不可能做出来巧克力味的量子蔬菜的！哈哈，别做美梦了！

所以，人们开始思考：生物是不是也可以具有量子特性呢？

艾达："当然可以了！生物也可以体现量子特性！莫提莫尔就是个例子！它有二象性，可以叠加，还可以隐形传态！"

马克斯："不可能！量子物理学的这些效应，只能在微观物质身上体现，比如微粒。"

弗里奇新奇资料大放送

　　量子态的叠加可以很好地解释，生物的光合作用到底有多高效。没错，**光合作用**就是植物和某些细菌将太阳能转化为化学能的过程。2013年，人们发现嗜酸红假单胞菌（Rhodop-seudomonas acidophil）的叶绿素之间可以产生纠缠效应。这就意味着，光合作用在一瞬间就可以完成！是不是很高效啊！哎呀，**这种细菌的名字可真难念！**什么？你觉得不难吗？那你可以试试在**嘴里含一块糖**，再念一下它的名字！

还有其他的例子！欧洲有一种知更鸟，它们每年都要从斯堪的纳维亚往非洲的平原上迁徙，大概要飞行7000多千米。它们的眼睛里有一种特殊的分子，这种分子中的电子就会相互纠缠，帮助这种鸟，根据地球的磁场来判断方向。**这可以算得上是"量子视力"了！**

西格玛博士："我想告诉你们的是，现在我们又有了一个新的研究领域**——量子生物学**，就是研究生物体内的量子现象。科学是永无止境的！我的孩子们！"

他们正聊着，院子里突然传来了一声惨烈的猫叫，好像那只猫撞见了鬼一样。于是，三个人光速般地起身，去找小猫莫提莫尔。发现它正处于Hello Kitty 状态，趴在艾达的耳机上。

"讨厌的猫！走开！别弄坏了我的高级耳机！"艾达一边叫着，一边赶走了莫提莫尔，拾起耳机和掉在地上的手机。"不——该死！"

"怎么了？"马克斯和西格玛博士异口同声地问道，好像此刻他们两个纠缠在一起，"莫提莫尔在你的耳机上拉屎了？"

"不是！是时间！**太晚了！**我跟班里的同学们约好了去看对抗赛的！现在都快开始了！啊啊啊！现在，我多希望我会隐形传态啊！"

"**对抗赛？**你不觉得那场面很血腥，很残忍吗？"

"不不，别误会，我说的是说唱歌手对抗赛。"

"我可以带你去。"西格玛博士主动提出要帮忙，"但是，咱们还是开车去吧。因为，我想你一定不会喜欢隐形传态的。"

"为什么？"艾达和马克斯异口同声地问道，"有什么坏处吗？隐形传态多棒啊！**而且，要比我们坐你的小破车去快得多！西格玛博士！**"

"啊，我亲爱的舒适无比的'中微子'小车车！我们就开它去吧！**走吧！出发！**"

艾达拿起手机，开始给她的同学们发信息，让他们等等她。马克斯把小猫莫提莫尔锁在家里，然后，钻进西格玛博士的车里，开始在网上查"说唱歌手对抗赛"。西格玛博士点了三次火，才把车子发动起来。

"西格玛博士，快告诉我们吧！为什么我们不会喜欢隐形传态？那不是比我们坐着这辆又老又旧的小破车，还浪费着汽油，要好得多？！"

小车拉着三个人像蜗牛一样地前进，车里还播放着一些西班牙人经常听的夏日经典曲目——什么《蜗牛之歌》啊，《大鲨鱼》啊，《猩猩之舞》啊，等等。

"不论是瞬间传送一个人，还是隐形传态一个人，都是要把这个人体内所有的原子或分子的信息，以及他的能量和一切，都

移动到另外一个地方，也就是说，把这所有的东西都'**复制**'到**另外一个地方去**……你们是不是觉得这很像《星际迷航》？"

"啊，就是这个手势，不是吗？"马克斯说着，伸出他的手，把五根手指伸开，食指和中指并拢，无名指和小指并拢，然后努力把中指和无名指分开，形成一个V形，试着做出"瓦肯"人打招呼的手势。

"就是史波克的那个手势！没错，就是那样的，马克斯！电视剧中也好，电影中也好，这些人都能在一个地方消失，然后在另一个地方再次出现。但事实上，隐形传态并不是这样的。就我们现在所掌握的知识和技术而言，如果某天我们要进行隐形传态，我们传送到另一个地方的将会是某种东西的量子信息，或者叫作量子状态，当然，这个东西可以是任何一种我们想要传送的物体。在目的地，我们会准备好必要的原材料，然后制造一个和原来那个东西一模一样的物体。**这其实有点像克隆**。因为在读取原来的物体的量子状态和传递状态的过程中，这些状态多少会发生一些改变，所以，我们再制造出来的那个东西，和原来的那个也不是完全地一模一样的。"

"那要是在传送的过程中，量子信息丢失了怎么办？"

"你们猜！当然是——这个东西就要跟我们说再见了！**Bye bye（英语'再见'）！さようなら（日语'再见'）！Adiós（西班牙语'再见'）！**"

"我的妈呀！真可怕！"马克斯说着，又做了一次瓦肯的手势。"那么，量子隐形传态到底能不能实现？"马克斯很小声地问道，哈哈，他被吓坏了。

"可以的！马克斯。量子隐形传态现在已经实现了。不过，只能用于微观的物体。"

量子学小提示

量子隐形传态只有通过纠缠才能实现。要想把一个粒子从北京传输到上海，我们必须提前准备好一对相互纠缠的粒子，一个在北京，另一个在上海。

低成本小实验

如何五步实现一个微粒的量子隐形传态

这可不是件容易的事，但是，如果你敢挑战的话，你需要准备以下材料：纸板，剪刀，还有油画笔和颜料。

第一步：选择你想要进行量子隐形传态的粒子，把它命名为粒子S，因为西班牙语中"幸运"的第一个字母是S。**然后用剪刀，在纸板上裁出一个正方形。**最后，用你的油画笔和颜料，在这个正方形纸板上写一个大大的字母S。

第二步：现在，我们要让两个粒子相互纠缠，注意，这两个粒子要和刚才的粒子S不一样（我们可以选择换一种颜料的颜色）。首先，裁出一个长方形，注意，要让这个长方形的长是宽的两倍。然后，把这个长方形对折成两个正方形，沿着折叠线把它撕开。这样，你就得到了两个相互纠缠的粒子了！我们把这两个粒子分别命名为E1和E2。因为西班牙语中"纠缠"的首字母是E。

注意

　　虽然有很多技术可以使两个粒子相互纠缠起来，但是，没有一种方法是简单的……在这个家庭小实验中，我们就假设，把原来连接在一起的两个粒子（它们原来在同一个长方形上）分开，就可以让它们相互纠缠起来。

　　第三步：想清楚我们希望把粒子S隐形传态到哪里，然后，就把处于纠缠中的粒子当中的一个放到那个地方去。比如说，我们拿着粒子E2，放到我们想要传态粒子S的目的地。朋友，你可以把粒子E2放到你家楼上的邻居家里去，哈哈。接下来，在第五步中，我们就要进行量子隐形传态了。

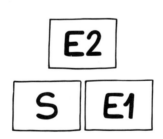

　　第四步：我们需要让粒子S和它旁边的那个已经处于纠缠状态的粒子也发生纠缠。也就是说，我们要让粒子S和粒子E1发生纠缠。假设，我们可以通过挤压的方式，使两个粒子相互纠缠起来。所以，拿起写着S的纸板和写着E1的纸板，把写字的两面挤压在一起，记得多用点力气，而且最好多挤压一会。如果你的颜料还没有完全干，你也确实是把写字的两面挤压在了一起，而且，挤压的时候你用的力气足够大，时间足够长，那么你会发现字母S和E1都被染上了对方的颜色，或者，出现了对方的印记！哈哈，这就代表，它们已经相互纠缠在一起了！

量子魔法：因为粒子E1和粒子E2是相互纠缠的，所以，当粒子E1发生变化，也就是被印上了字母S的颜色和形状，粒子E2马上就会发生相应的变化，字母E2上也会出现字母S的颜色和形状。这就是纠缠的效果，或者说是那个"幽灵般的远距离相互操作作用"的效果。粒子E2上出现的图案是依赖于粒子E1的，所以，粒子E2和粒子E1上出现的图案应该会一模一样。

第五步：仔细观察我们刚刚制造的纠缠的结果。仔细观察一下，在进行相互挤压之后，粒子S和粒子E1上新出现的图案分别是什么样子。然后用手机给你的邻居打电话，问问他（她），粒子E2上出现了什么样的图案，你可以确认一下，这个图案是不是和粒子E1上的一模一样。

如果，粒子E2出现了和粒子E1上一模一样的图案，那么：粒子S的隐形传态就成功了！粒子S的状态被传送到了粒子E2上！

注意

量子隐形传态的关键步骤是制造那两次纠缠。如果没有纠缠，就不可能实现量子隐形传态！

要是你的实验没有成功的话……没关系，这很正常。你要明白，我们用的是纸板，不是真正的粒子！如果做完实验以后，你的粒子E2上确实出现了粒子S的印记，你可一定要赶紧跑去附近的研究院，然后，在研究院里再做一次你的实验，好让那些研究员们大开眼界！

量子学小提示

如果粒子S，E1和E2真的是量子化的微粒，那么，我们得到的印记，可不会是完好无缺的。也就是说，现实中的量子隐形传态要比我们刚才做的实验复杂得多，也难以实现得多。但是科学在发展，技术在进步。说不定将来的某一天，我们还可以实现人类的隐形传态呢！

量子隐形传态是真的吗？

谁不希望自己可以通过隐形传态实现瞬间移动呢？从一个地方一下子就到了另一个地方，不用一步一步地走过这两地之间的距离，这简直难以置信。想象你可以通过隐形传态去旅行：去巴黎的埃菲尔铁塔观光，去埃及的金字塔里寻找宝藏，去巴西的亚马孙森林里探险……不光可以旅行，隐形传态还有其他的用途！比如，哈哈，告诉我，当你特别想尿尿，但是附近没有厕所的时候，你会怎么办？

或者，你愿不愿意早上多睡一会，然后瞬间移动到学校去？

毫无疑问，这些时候，我们要是真的会隐形传态就好了！但是，人们真的在进行隐形传态的实验吗？真的有科学家致力于这方面的研究吗？当然是真的了！不仅如此，一些粒子的量子隐形传态已经获得了成功！那是科学界里一座伟大的里程碑啊！**粒子的量子隐形传态，是1997年在澳大利亚的因斯布鲁克大学试验成功的。**那次实验中，**幸运地被选中传递量子状态的粒子是一些光子**，就是组成光的粒子。

自拍一张！
（光子）

人类是由一些物质的原子组成的，不是光子，所以，要是能对实物原子进行隐形传态，那就太棒了！虽然，这个梦想很难实现，但是，也成真了！7年之后，**也就是2004年，人们实现了实物原子的量子隐形传态。**这次，被传输状态的是铍和钙。铍和钙是两种化学元素，可不是你家楼下的老爷爷。有趣的是，我们的牙齿和骨头里面有许多的钙，它大约占了我们体重的百分之一。

那什么时候才能实现人的隐形传态呢？唉，这可是一件极其复杂、极其难办的事！因为，人是由非常非常多的粒子组成的，可能是几亿个粒子，或者几百亿个粒子……反正就是非常非常非常非常多！而且，组成人体的粒子并不是一个一个相互独立的，而是彼此联系在一起的。**唉，这些都是很难解决的问题。**

但是，谁知道未来会发生什么呢？几个世纪之前，我们也没想过人类能踏上月球啊。所以，说不定哪一天，就会出现一个年轻的科学家，让人类的隐形传态成为可能。这个科学家会是你吗，亲爱的朋友？通过不断地进行实验、不断地发挥人类的聪明才智，说不定我们的重重孙子就可以躺在床上进行隐形传态了！

去说唱歌手对抗赛的后半程中，大家都没有说话。艾达一直在想，看比赛的地方太远了，车子跑得太慢了，简直像蜗牛一样……唉，要是她会隐形传态就好了！那样的话，她就再也不会迟到了。西格玛发觉马克斯正坐在副驾驶的位置上发抖呢，听到隐形传态失败的后果，他真的吓坏了！

"喵呜——"车外忽然传来了一声猫叫，把大家都吓了一跳。

他们都吓得一哆嗦。西格玛博士赶紧踩了刹车，然后从车上下来，结果发现，莫提莫尔正坐在车顶上呢。它的毛被吹得很乱，别提多吓人了！

量子小测试

你处于纠缠状态吗?

1. 早上,刚一睁开眼的时候:

a. 你会看一看你的房间,一直看,一直看,直到你闭上眼睛,又睡过去了。

b. 你先看到是的你的房间,然后看到学校的教室,然后又是你的房间,然后又是学校的教室,就这样,一直交替反复。

c. 你什么也看不见,因为你没有眼睛。

2. 起床之后,你走进浴室,开始洗澡之前,你往镜子里看了一眼,你会看到什么?

a. 一张昏昏欲睡的脸,就像得了重感冒一样。

b. 先是看到你自己的脸,然后是你最要好的朋友的脸,然后,又是你自己的脸,然后,又是你最好的朋友的脸,一直交替反复。

c. 什么?什么也看不见?因为你也没有脸?

3. 你和一个朋友在街上散步:

a. 你走在他(她)旁边,一路上都在和他(她)聊天。

b. 你的朋友用脚走路,而你感觉到有一种莫名的力量,让你用手走路。而且,你的朋友一停下脚步,你也会立即停下。

c. 什么?街是什么?

4. 数学考试的成绩出来了：

a. 哇！你考了10分！满分啊！你感觉自己统治了全世界！

b. 6分，4分，6分，4分……成绩一直在变化，唉，反正，你是最后一名！

c. 什么？！你考了0分！

大部分答案选择A： 你的生活是正常人的生活，要想移动自己，你得提前留出时间，自己走去目的地。放心吧！你身体里没有一个粒子和别人纠缠在一起。

大部分答案选B： 你和你的同学是纠缠在一起的。赶紧找个笔记本，把你的经历详细地记录下来，然后你就等着拿诺贝尔奖吧！现在拿不了也没关系，几年以后你一定会拿到的。或者，至少你可以出本书，一本自救手册，就叫《如何躲开邻居，安全到家》。

大部分答案选C： 物理定律好像并不适合你，因此，你应该不是人类，也不是微粒。你可以好好想想，你到底想成为什么样的新奇生物。

第六章
量子隧穿效应

嘭！嘣！嚓！嗞！咣！

马克斯听见楼下的噪声，赶紧放下手头正在干的活儿，关上电脑，跑下楼梯，径直往厨房飞奔去。厨房里好像有一支游行队伍，打着鼓，拉着手风琴，在满世界喊口号。马克斯没敢走进去，而是先趴在门口，小心翼翼地往里面张望了一下。

他看到艾达站在厨房中央，厨房里一片混乱：盘子和碗都摔碎了，碎片满地都是，天啊！那些可都是萨图妮娜姑姑最喜欢的餐具啊！切菜板横在洗碗机里；冰箱的门大开着，各种液体混合着从里面流了出来——奶油啊、牛奶啊、碎了的鸡蛋啊，什么都有；微波炉还在全力运转着，发出呜呜的声音，电线已经开始冒火花了！随时可能发生爆炸！

"**该死的猫！**它明明跑到厨房里来了，但是，我怎么也找不到它！**它凭空消失了！**"

"就为了找到那只该死的猫，你就把厨房弄成了垃圾场？**你干得可真漂亮，艾达。**"

艾达根本没听见马克斯的指责，她的脑子还在另外一个世界呢！

"我发誓，我听见它在碗橱里。但是，我打开碗橱的时候，它却消失了！它一定是穿过墙壁，逃走了！"

"艾达，你明知道那是不可能的。"

"不，谁说不可能？！我告诉过你无数次了，马克斯，它是一只量子猫！你不记得西格玛博士给我们讲的'量子隧穿效应'了吗？凭借它本身的电子能量，它有可能会穿过墙壁的！"

"不是那样的，艾达！你真是越来越不切实际了！"马克斯回应艾达说，"**那只猫没有量子能量**，而且，只有那些微小的粒子才能穿过势垒，也就是障碍物。**那只猫可是由几百万、几千万、甚至几亿、几十亿个粒子组成的！它不可能穿透任何东西的！**"

艾达一脸茫然地看着马克斯，她一个字也没听懂。

马克斯赶紧拿出自己的笔记本，在上面快速地写了点东西，然后拿给艾达看。这个笔记本上记录的都是马克斯的突发奇想——他认为这些最疯狂、最离奇的想法，也许某天可以拯救全人类的。

"根据经典力学的理论，不论是你、我、小猫莫提莫尔，还是任何东西，都不可能穿透面前的障碍物或者墙壁。但是，从量子力学的观点来看，事情恰恰相反：粒子可以穿透面前的势垒（相当于障碍物），因为粒子具有波动性。

也就是说，存在一个极小的可能性，这个粒子会出现在势垒的另一边。"

"啊——！"艾达一边拽着自己头发，一边失望地回答说，"讨厌的量子力学的概率！你的意思就是说，粒子可能在这个地方，也可能在那个地方，但是我们没办法确切地说，粒子就在这儿，或者粒子就在那儿。就好比，我告诉你，我有很小的可能性，现在在巴哈马度假。但是，我现在却在厨房里，找一只该死的猫，而且还穿着自己最爱的、被猫抓破了的毛衣。**唉……烦人的概率！**"

马克斯听了连连摇头。

"不，不是这样的。你不坐飞机就到达巴哈马的概率是零！**量子效应只有在微观系统中才能被看到**。就算你喜欢模仿夏奇拉跳舞，你扭来扭去的身体非常具有波动性，但是这并不可能增加你突然出现在巴哈马的可能性！"

注意

从量子角度来看，粒子的行为具有波的特性，所以，在某些情况下，**粒子有一定的可能性穿越势垒。**尽管这个可能性很小，但是，就算再小，这种可能性也是存在的！

对抗赛：

经典物理学中的莫提莫尔vs量子物理学中的莫提莫尔。

谁会是赢家呢？

对抗赛

1号选手　　开战　　2号选手

量子隧穿效应

不要这么吃惊！没错！你没听错！粒子真的可以穿越势垒。**而且，这是通过"隧穿效应"实现的。**

量子隧穿效应指的就是，微观粒子能够穿过它们本来无法通过的势垒的现象。即使在粒子不具备足够能量的情况下，它也有可能穿越面前的势垒。

朋友，你想一下，如果你一脚把足球踢到墙上，会怎么样？

当然了，**这要看墙壁是用什么材料做成的，还有你用了多大的力气**。如果是一面日本的墙，就是那种用纸做的墙，而且，你用的力气还不小，那么，足球一定会穿越墙壁的。当然，球是把墙壁撞破了以后，才穿越过去的。但是，如果是一面用钢筋混凝土砌成的墙，而你又不是超人，不管你用多大的力气踢球，也不管你踢多少次，球都会反弹回来。当心！千万不要让球撞到你的鼻子啊！在我们说的第一个例子中，**球携带的能量**，要比穿越墙壁所需要的能量**多**。而在第二个例子中，情况恰恰相反：**球携带的能量，比穿越墙壁所需要的能量少。**所以，不管你尝试多少次，球都会反弹回来。

现在，我们一起去微观世界看一看。你来想象一下，你手里的糖豆变得非常非常小，比一粒灰尘还要小。没错！你变成了一个微型的小人。**咱们现在再来做一次刚才的实验。**现在，你的足球就是一个电子。那么，如果你把这个电子向一个势垒（相当于墙壁）发射出去，而且这个势垒的能量，要比你的电子的能量多（这就相当于墙壁是由钢筋混凝土砌成的那个例子），那会发生什么样的事情呢？你想想，好好想想，再好好想想……

你是不是觉得电子会像足球一样，反弹回来？如果你真的是这样想的，那你就猜对了……大多数情况下，确实是这样的。

电子具有波粒二象性，和我们平常见到的东西不一样，它的行为，不遵循经典物理学的规律。所以，如果你把电子向势垒发射很多很多次，尽管，电子始终不具备穿越势垒的足够能量，但是，有时候，它真的可以穿越到势垒的另一边去！

量子物理学是这样解释这一现象的：当我们发射电子以后，与电子分布位置有关的概率波就会散播开来。

到达势垒的时候，**大部分的概率波反弹了回来，但是，有一**

小部分，穿过了势垒。也就是说，存在很小的可能性，电子穿越到了势垒的另一边。所以，如果我们多次重复这个实验，总会有几次，电子可以穿越势垒。

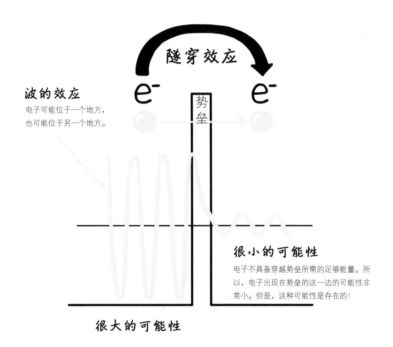

波的效应
电子可能位于一个地方，
也可能位于另一个地方。

隧穿效应

势垒

很小的可能性
电子不具备穿越势垒所需的足够能量。所以，电子出现在势垒的这一边的可能性非常小。但是，这种可能性是存在的！

很大的可能性

"哇！马克斯，这太神奇了！"艾达兴奋地喊道，"既然粒子可以穿越一切障碍，那它们就是不可阻挡的了！它们可以想做什么，就做什么！不存在极限，也没有规矩的束缚！就像小猫莫提莫尔一样，可以为所欲为！"

"并不是这样的！艾达！量子**隧穿效应虽然可以让粒子穿越势垒，但是，必须是很小的势垒。**随着势垒变得越来越大，粒子穿越势垒的可能性就会变得越来越小，甚至，几乎变为零。"

"啊！原来粒子也要受到一定的制约啊。但是，马克斯，我有个问题不太明白。既然只有微粒，就是那些非常非常非常小的粒子，可以通过隧穿效应穿越势垒……人们是怎么确定隧穿效应真的存在的呢？我们又看不见那些粒子！"

"我们的眼睛确实看不见粒子。但是，我们可以检测到粒子的一些效应，比如，**放射性效应。**"

"**你知道吗？除了放射性现象会产生放射性效应以外，粒子通过隧穿效应，从原子核中逃跑出来的时候，也会产生放射性效应。**"

艾达："耶！我就知道！小猫莫提莫尔一定是经过了铀的辐射——我早就跟你说过——所以，它才从碗橱里逃跑了！"

量子学小提示

艾达的想象力实在是太丰富了！有些放射性效应确实是通过隧穿效应实现的，但是，这并不意味着，如果你经历过辐射，就会发生隧穿效应！朋友们，你们千万不要去接触放射性物质，你可不是绿巨人浩克啊！

量子学小问题：
辐射是怎么发生的？

原子核是由比它更小的微粒——质子和中子构成的。 在原子核中，质子和中子是相互连在一起的，它们之间存在一种很强的相互作用力，叫作核力。这种核力就构成了一种能量势垒。正是这种核力，使得原子核里的粒子聚合在一起，这种力量非常强大，所以，质子和中子都不能克服这种力量，从原子核中跑出来。

但是，在某些原子核中，能量势垒没有这么强。比如，铀原子的原子核就是这样。没错，没错，铀原子就是核电厂里使用的那种原子。对了，霍默·辛普森（编者注：美国动画片《辛普森一家》中的一个人物）就在核电厂上班。

铀原子的原子核中，**有些质子和中子就可以逃离出来，穿越核力形成的势垒。** 你知道它们是如何做到的吗？**就是通过量子隧穿效应！它们能够穿越势垒，是因为它们具有波的性质。**

弗里奇新奇资料大放送

辐射可不像《辛普森一家》里演的那么神奇。动画片里那样演,只是为了让动画片更好看!

注意 !

具有放射性的原子核可能发射三种粒子:α粒子,β粒子和γ粒子。之所以起这样的名字,是因为当时发现这些粒子的时候,根本不知道它们是什么粒子。后来,人们发现,α粒子是由两个质子和两个中子组成的(氦原子核);β粒子是一个电子;γ粒子是一个光子。放射性元素就是通过隧穿效应释放α射线的!

根据量子物理学的理论来说,某一时刻,α粒子有很小的可能性位于原子核的外部……所以,随着时间的增加,α粒子出现在原子核外的概率也逐渐增加。

此外,我们可以算出,α粒子位于原子核外部的概率达到50%时所需的时间,我们把这个时间叫作"半衰期"。如果我们现在有大量的初始放射性物质,半衰期过后,这些物质的一半已经释放出来α粒子,而剩下的一半,还处于最初的状态,没有释放α粒子。

那α射线呢？是具有破坏性的射线吗？

α射线的穿透能力很弱，所以，我们的皮肤的角质层（角质层是由死细胞组成的）能够抵挡住α射线，因此，α射线就不能进入人体的活细胞，也就不能破坏我们的DNA了。但是，如果α射线进入了我们的体内，比如通过口腔或者呼吸道，那么，α射线就会留在我们的身体内，引起非常严重的疾病，甚至可能导致死亡！

量子学小提示

你听说过亚历山大·利特维年科中毒身亡的事件吗？没有吗？那可是历史上最惊人、最可怕的事件之一。虽然听上去像是谍战片的桥段，但那确实是真事。我现在就讲给你们听。

利特维年科曾经先后为俄罗斯和英国的情报部门工作，掌握了很多秘密。恐怖分子怕他泄露秘密，决定杀死利特维年科……你看，他们多残忍！要是能用谈话的方式来解决问题该多好。但是，他们没有找他谈话，而是选择了另外一种做法——用放射性元素钋来杀死他。钋这种放射性元素就可以通过隧穿效应释放α粒子。我们刚才讲过，α粒子只有进入人体内部，才会导致人的死亡。所以，两个坏人就想出来一个计划——往利特维年科的茶里加入钋，结果，这种放射性的核武器让利特维年科胃部剧烈疼痛，还伴随着严重的呕吐。他不得不住进了医院。利特维年科的病情十分严重，但是没有人能查出病因。根据他的很多症状来判断，他的情况应该是放射性物质中毒所致，为了证实这一判断，医院工作人员使用了 γ 射线频谱技术。这项技术就是使用一个能量探测器，在人体内寻找释放 γ 射线的放射性物质。但是，什么都没找到。朋友，你知道为什么的，对吗？因为那些坏人让他吃下去的是钋，钋会释放 α 粒子，而不是 γ 粒子。α 粒子已经侵入到了他身体的内部，不会再释放出来了，所以很难被探测到。

α 粒子很难被探测到，但是会让人很难受！所以，朋友们，你们千万不要吃有放射性的东西啊！

辐射和超能力

虽然，很多超级英雄都是通过让自己经受放射性物质的辐射获得超能力的，但是那到底是怎么回事？难道是魔法吗？

实际上，这是因为，**一些放射性粒子会发出射线，也就是辐射，而这些辐射，能够改变我们的DNA，使我们的DNA发生变异。**（编者注：想了解更多DNA的事情，就看看《听变色龙讲遗传学》那一本吧！）在漫画中，或者在科幻电影中，这些变异都特别神奇，可以让人获得超能力。

艾达："没错！就像《绿巨人》中演的那样！经过 γ 炸弹的放射线的大量辐射，主角就变成了一个有超能力的绿色大怪物！"

但事实上，并不是这样的。**变异只不过是我们的DNA发生的一些变化，永远都不可能让我们变成超级英雄的。**但是，由辐射引起的变异，却很可能会让我们生病。而且，有些病是相当严重的。

艾达："也就是说，那些超级英雄其实都是病态的？谁会相信这样的说法啊！"

马克斯："不是那个意思。这只是说明，人体经受辐射后产生的真实后果，和电影中的超级英雄们经受辐射后的结果不一样。"

艾达："那，如果一只被放射性感染的蜘蛛咬伤了你，你也不会变成蜘蛛侠，是吗？所以，就算一只量子猫咬了我，我也不能获得超强的弹跳能力、超棒的灵活性和超级敏锐的视力，是吗？"

马克斯："没错，艾达，那样的事情只能发生在科幻电影中。"

艾达："唉，现实真是没意思，没有量子效应的现实就更没意思了！连像猫一样从屋顶上逃跑都不能实现！唉……"

你闻所未闻的事：核聚变。我们可以把物质转化为能量。

朋友们，你们一定知道什么是合体吧！你们在动画片《龙珠》中一定看过很多次了，对吗？有时候，当你想把意大利面上的胡椒粉去掉的时候，也会觉得胡椒粉和意大利面合体了吧！

不只有孙悟空和贝吉塔可以合体，胡椒粉和意大利面可以合体，原子也可以合体！

原子核可以通过合体的方式，产生一个更大、更重的新原子核。但是，在这个过程中，要是没有物理的话，数学可就一点用都没有了！！因为，只靠数学，并不能解释清楚这个过程中出现的现象。

如果，你把原子核A和原子核B聚合在一起，就会得到一个新的原子核C。那么，按照数学的逻辑，C的质量应该和A+B的质量相等。但实际上，并不是这样的！C的质量小于A和B的质量之和。这是因为，在原子核聚合的过程中，一部分质量转化成了能量。

举个例子吧：你的体重是40公斤，你的叔叔安东尼奥的体重是140公斤，现在你们两个要进行合体。如果你们两个的合体就像原子核的聚合那样（但愿不是这样的，因为这样对你没什么好处），那么，你们两个的合体"安东和你"，不会是一个180公斤的物体，而是……170公斤。那10公斤的重量去哪里？消失了？还是变成了一只又肥又大的猫？不！都不是！**缺失的重量变成能量了！**

注意

这个现象，遵循公式$E=mc^2$。也就是说，聚合过程中产生的能量等于失去的重量乘以光速的平方。

所以，如果10公斤的质量转化成了能量，这些能量就足够我们把整个地球炸为灰烬了！

先别急着激动！就算你真的有个叔叔叫安东尼奥，刚才说的合体的事情也永远不可能发生。聚合只有在温度极高的条件下才可以发生。比如说，在某个星球的核心。

多亏有了量子物理学，我们才明白了星球和星球之间是如何融合在一起的！

你有没有想过，太阳射到地球上的能量是从哪里来的？你可以大胆地想一想。**我们接收到的所有的太阳能，都是在太阳中心的原子核聚合反应——也就是我们说的核聚变产生的。两个氢原子核会聚变成一个氦原子核。**

要想把两个氢原子核聚合在一起，必须提供非常大的能量，因为这个过程中，必须要克服原子核和原子核之间的排斥力——电斥力。

而且，我们需要15亿摄氏度的超高温。这可是非常非常高的温度啊！但是太阳核心的温度只能达到1500多万摄氏度。

注意 ！

要注意，原子核带正电荷。因为同性电荷之间会相互排斥，所以，要想把两个原子核聚合在一起，需要费好大的力气呢！也就是说，需要提供很大的能量。

既然太阳没有那样的超高温，它要怎么做，才能实现核聚变呢？当然是利用隧穿效应了！**因为太阳上有大量的氢，所以，有很小的可能性，一些氢原子核可以跨越能量势垒，彼此无限靠近，最终融合在一起。**

所以，每当你抬头看太阳的时候（记得要带太阳镜啊），你其实就是在看现场版的量子物理学实验。

弗里奇新奇资料大放送

虽然你看太阳的时候会觉得太阳很小，但是，事实上，太阳的直径是地球直径的100多倍。因为球体的体积和直径的三次方成正比，所以，我们可以推测出，太阳大概是地球的100多万倍大。也就是说，太阳上可以装得下100多万个地球。

"我的妈呀，我们该怎么打扫这乱七八糟的厨房啊？！"艾达急得直揪自己的头发。一气之下，她竟然冲着碗橱的门踹了一脚。

"艾达，你加油吧！这都是你弄的，你自己想办法收拾吧！"马克斯回答说。

"马克斯！看你身后！"

"不，艾达，我不会上当的。我一回头看，你就会吓我一跳！我太了解你了！"

莫提莫尔怎么了？

"不是，马克斯，莫提莫尔在你身后！你看，它正呆呆地坐在那儿呢。"

"好傻的猫啊！它就盯着一块什么东西都没有的地方傻看！"

"我们的肉眼当然是什么也看不到了。但是它是量子猫啊，一定有量子视力。对对，它的视力一定有隧穿效应！"艾达说。

莫提莫尔怎么了？

"**能看见原子的超级视力？有隧穿效应的显微镜？**"不知道什么时候，西格玛博士走进厨房来了。

"天啊，西格玛博士，你要吓死人啊！"马克斯被西格玛博士吓了一大跳，冲着他大喊大叫起来，"你来这儿干什么？"

"我想做个牛油果三明治吃。再去录制节目之前，我得补充一些必要的脂肪酸。"

"你会做吃的才怪呢。"艾达在心里默默地说。

"既然你来了，西格玛博士，趁着你给牛油果去皮的空，你给我们讲讲有隧穿效应的显微镜吧。"

"什么？！你们没听说过扫描隧道显微镜？那你们可真是落伍了！快跑起来吧，去追赶科学的脚步！我来助你们一臂之力！"

西格玛博士带你追赶科学的脚步！

利用隧穿效应，我们发明了一种新型机器。这种机器可以帮助我们，看清肉眼无法看见的世界——**亚纳米级的世界**。借助这种机器，**我们就可以看清只有几纳米大的东西，也就是，几十亿分之一米那么大小。这样小的东西，就是用显微镜也是看不到的，必需使用扫描隧道显微镜。**

弗里奇新奇资料大放送

扫描隧道显微镜是1981年在德国研制成功的，它的问世震惊了全世界。所以，它的发明者格尔德·宾宁和海因里希·罗雷尔，在1986年获得了诺贝尔物理学奖。

通过扫描隧道显微镜，我们可以看到物质中的单个原子。朋友，你想看看什么原子呢？组成巧克力冰激凌的原子吗？贾斯汀·比伯头发上的原子？还是迈克尔·菲尔普斯获得的23块金牌上的原子？有了扫描隧道显微镜，我们想看见什么原子就能看见什么原子！

朋友们，是时候发挥你们的想象力了！我们的一滴血液中就有几百万个血红细胞，当然，还有很多其他的物质。血红细胞就是我们身体里负责运输氧气的细胞。血红细胞的细胞膜上有很多脂类分子。通过扫描隧道显微镜，我们就可以把这些脂类分子看得一清二楚。这可是帮助我们看清事实的最好的眼镜了！

高成本大实验

你想在你的卧室里制造一台扫描隧道显微镜吗？ 那就开始动手吧！我会告诉你们怎么做的。

你需要的材料，在超市里可买不到，你得好好找找：

● 一个非常细的针尖，而且，还要能够导电（也就是传输能量），比如用钨制成的针尖。

● 一根带电极的压电管。

● 一个扫描控制器。

● 一个数据处理器。

在这项技术中，我们需要使用一个极细、又可以导电的针尖，在针尖和待观察的材料样品之间施加一定的电压。当针尖和样品之间的距离达到0.1纳米的时候，样品表面的电子就会通过隧穿效应，向针尖处聚拢。针尖在样品表面进行全面的扫描，它们虽然距离非常非常近，但是绝对不会相互接触。针尖距离样品表面越近，从样品表面跳出来的电子数就越多。因此，如果我们把针尖固定住，再对样品进行扫描，就可以根据数据处理器中显示的电子的数量（这些电子通过隧穿效应跑了出来），得知样品中的原子长什么样子了。

你听明白了吗？看看下面这幅图吧：

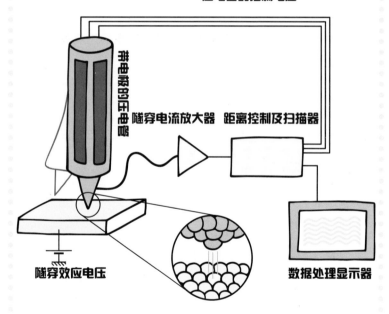

厨房中的隧穿效应

"扫描隧道显微镜确实很厉害，也很有趣。但是，咱们现在得想想办法，修好这个微波炉。"艾达说。

马克斯摆出一副很会修理电器的样子，埋怨艾达说：

"艾达，我真不知道你到底对微波炉做了什么。电线外面的绝缘外皮都掉光了。"

"我会修！"西格玛博士突然大喊道。然后他冲上前去，想要拿起那根脱了皮的铜线。

"不！别碰！你疯了吧！" 艾达和马克斯异口同声地喊着，马上阻止了他。

"放心吧，孩子们。铜很容易被氧化，而氧化铜是非常好的绝缘物质。所以，当我触碰脱皮的铜线时，我的纤细又娇嫩的手指碰到的，其实是包裹着一层氧化膜的电线，也就是说，它是绝缘的。电子是不能从电线上跑到我的身体上的……"

导电材料允许电子自由移动，这种运动就是我们所说的电流。另一方面，绝缘体不允许电子通过。

"但是，西格玛博士，那电线散发出一种烧焦的味道！你要是真的触电了，怎么办？"艾达问。

"艾达说得对，我也闻到了。"马克斯接着说，**"难道你忘记了？铜线的氧化膜形成的势垒非常薄，电子通过隧穿效应就可以跳出来了，不是吗？"**

"所以，电流可以通过氧化膜，一样可以电到你！"

西格玛博士笑笑说：

"哎呀！你们真的学到了很多量子物理学的知识！如果我们生活的世界变成了量子世界，那就全乱套了！你们能想象一部量子版的《越狱》吗？"

"我不知道该说什么了，西格玛博士。反正你说的东西不太符合逻辑……"马克斯的头脑有点混乱了。但是，艾达的头脑很清楚：她知道他们两个得赶紧溜走，免得西格玛博士让他们打扫厨房。

"咱们去给莫提莫尔买点吃的吧，马克斯。**我受不了厨房里这烧焦的味道了……**"

西格玛博士小课堂

艾达和马克斯离开之后，厨房里就剩下西格玛博士一个人了。刚刚说到《越狱》，让他心潮澎湃。趁这会儿厨房没人，他爬到桌子上，用水漱了漱口，然后清了清嗓子，开始朗诵一首关于隧穿效应的赞美诗：

> 如果牛顿不能帮你解决问题，
> 就去看看薛定谔说的那些
> 让人感到迷茫的东西。
> 量子物理学啊，
> 神奇的科学！
> 它的最爱啊，
> 是隧穿效应！
> 如果你感觉受到了束缚，
> 如果有一天你想逃离，
> 那就求助于隧穿效应吧。
> 你就可以在这个世界上，
> 消失不见！

小猫莫提莫尔坐在地上，一动不动地看着西格玛博士。它一点也听不懂西格玛博士在说什么，毕竟它是一只猫啊。幸好它听不懂，因为这首赞美诗写得并不好。虽然莫提莫尔什么也没听懂，但是，它内心里认为，西格玛博士是它见过的最聪明的人类！

量子学小测试

你有量子能量吗？你可以产生隧穿效应吗？

1. 当你早上刚起床，照镜子的时候：

a. 你看到一张非常困倦的脸。

b. 你看到了关联波。就在你头的右边，你晚上睡觉的时候一直压着的那一边。

c. 你什么也没看见，因为你还没有戴上眼镜。

2. 进电影院看电影的时候：

a. 你会买票，有时候还会买爆米花。

b. 不知道怎么回事，你没有经过电影院的门，就已经坐在电影院的椅子里了。

c. 你会化装成伊渥克族人。

3. 当你从自行车上摔下来的时候：

a. 你会接受自己摔倒了这个事实，站起来拍拍身上的土，并且希望没有人看到你摔倒的样子。

b. 你会穿过球面，到达地球的核心，在那里和其他的物质发生聚变。

c. 你一点事都没有。因为，你带了护膝、护腕，还有头盔，而且自行车后轮还安装了两个辅助的小轮子。

4. 当你给你的朋友一个大大的拥抱的时候：

a. 你觉得特别幸福。没错，拥抱完以后，你都会对你的朋友说："我爱你，小傻瓜。"

b. 你们两个融合到了一起，而且，你们释放出大量的能量，使得电视机都自动关闭了。

c. 你不经常拥抱别人，因为别人衣服上的螨虫会让你过敏。

5. 当你坐在教室的最后一排：

a. 你根本看不清黑板上的字，所以，你和旁边的同学玩起了五子棋游戏。

b. 你能对教室里的投影仪的每个原子进行扫描，甚至可以看到第一排的同学用针在圆珠笔的塑料外壳上写的字。

c. 存在最后一排吗？

大部分答案选择A：很遗憾，你就是经典物理学世界的生物，比莫扎特的音乐还要经典。你的生活完全遵循经典物理学的定律，就像你周围的所有人一样。千万不要撞墙，试图穿越过去，否则，你一定会从墙上反弹回来，然后摔在地上，摔成一个肉饼。

大部分答案选择B： 难以置信，你是绝无仅有的具有量子能量和隧穿效应的人！去给自己买个大斗篷吧，然后在你的朋友圈里写上："嗨，来这里，我带你们穿越隧道！"但是，也有可能，你一直生活在斗篷里的黑暗中，找不到生活的出口，穿越不出来了。要是这样的话，给自己买一个大斗篷就太糟糕了，还是放弃这个想法吧。

大部分答案选择C： 你像弗里奇一样，是个总有新奇想法的人。

量子学小借口：

当你犯了错误，而且不能给自己找到合理的借口的时候，你可以使用量子学的小借口。比如：

当你上课迟到的时候，你可以说：

"对不起老师。事实上，我本来可以在8点钟就坐在课桌前了。但是，因为隧穿效应，我的概率波让我在院子和厕所之间徘徊了整整20分钟，最后，我才终于走进了教室的门。我发誓，下次我一定注意，不会再迟到了。"

第七章
薛定谔的猫

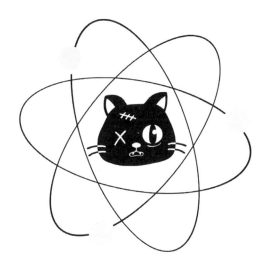

　　萨图妮娜姑姑今天下午就要回来了。但是，艾达和马克斯根本不在意——没有萨图妮娜姑姑，他们两个也可以单独度过这暑假的最后一天。马克斯在手机上玩抓捕宠物小精灵的游戏，艾达在走廊的地板上用粉笔写字。她写了薛定谔方程和不确定性原理的关系式。她觉得，画些爱心啊、小花啊之类的图案，简直太傻了，而且早就过时了。就在她的杰作即将完成的时候，小猫莫提莫尔飞快地从她的作品上跑了过去。

　　"马克斯，你看莫提莫尔！它嘴里叼着一只老鼠！"

　　马克斯沉迷在手机游戏中，连头也没抬就回答艾达说：

　　"肯定是只死老鼠。"

"你怎么知道是死老鼠？你连看都没看！说不定那是一只处于叠加态的老鼠呢……咱们去看看吧！看看**莫提莫尔**到底捉到了什么！"

马克斯没有别的选择，因为艾达拽起他的手就开始跑。虽然游戏中出现了他一直想要的一只宠物小精灵，可是他也没时间去抓了，艾达的事永远是第一位的。小猫迅速地穿过灌木丛，往西格玛博士家跑去了。艾达和马克斯赶紧跑到博士家，敲了敲门，但是没有人回应——家里好像没人。

看样子，没办法继续追踪小猫了。但是，艾达可不是个轻易放弃的孩子。她看见厨房的窗户没有关严，还留着一条缝，她就赶紧跑到窗户下面，像羚羊似的往上一跳，攀住了窗台，然后像忍者一样敏捷地爬了上去。之后，她一个跟头翻进了厨房。进去之后，她就蹦蹦跳跳地跑去门口，给马克斯开门。刚跑到门口，她就看到了马克斯已经进来了。

"马克斯！你怎么进来的？！"

"门口的邮筒下面有一把钥匙。邮筒边上有一块磁铁，钥匙上有一个金属环，所以，钥匙藏在邮筒下面，既隐蔽，又方便拿出来。**西格玛博士毕竟是个科学家啊……真有先见之明。**"

"咱们去找找，那只调皮的猫藏哪儿去了……"

他们不停"喵呜——喵呜"地学着猫叫，把厨房、客厅、书房、卫生间和所有的卧室都找了一个遍，但是，还是没找到。只有一个地方还没找：西格玛博士家的地下室——那是他平时做实验的地方。

他们轻手轻脚地走下楼梯，进入地下室的大门。西格玛博士的实验室里什么都有，简直就像农村的集市一样，就差卖棉花糖的摊位和供行人来往的小路了。

这里有五个大的实验台，每一个实验台都是一张又长又高的桌子。科学家需要的所有仪器在这里都能找到，还有几只吃剩下的虾。艾达看到离她最近的实验台的时候，突然大叫起来：

"啊！这是西格玛博士的量子实验台！你快看，马克斯，这有一台干涉仪，一个低温系统，还有……哇！**好大的一台激光仪啊！**"

"用这些仪器可以做很多有趣的实验。艾达，你看，这还有西格玛博士的笔记呢！"说着，他拿起了一个乱七八糟的文件夹。

这个文件夹里的纸不仅各式各样，上面的字体的颜色也都不一样：在一个税务局的信封上，写着关于卡西米尔效应的各种理论，那可是一个非常有趣的实验；在一些广告纸的边缘，西格玛博士记录了一些数字；甚至还有一张酒吧的餐巾纸，上面写满了方程和算式。为了压住这些纸，不让它们被风吹走，西格玛博士用了一本非常非常厚的量子物理学的书，这本书比《堂吉诃德》和《圣经》摞在一起还要厚。

艾达和马克斯感觉像是进入了迪士尼乐园，而且是专属于他们两个人的迪士尼乐园。突然，一声"喵呜"打破了他们的美梦，是莫提莫尔！

实验室的墙角有一个特别大的盒子，莫提莫尔就在这个盒子里，那只老鼠就躺在它脚边。

马克斯："哎呀，真恶心！得赶紧把那只死老鼠扔进垃圾箱！"

艾达："你说什么呢？！咱们不可以让那只老鼠复活吗？它可能只是处于量子死亡状态，或者处于活着和死亡的叠加状态，或者，它在平行世界中……"

马克斯："不可能！艾达！你忘了我们都学过什么了？！我们不是生活在'量子世界'中，那只老鼠要么是活的，要么是死的。一眼就能看出来！它死了！"说着，马克斯用手指划过脖子，做出被杀害的样子。

艾达："你真扫兴！那如果……"

马克斯："不可能，艾达！"

艾达："那如果……"

马克斯："不可能，艾达！"

艾达："咱们做一只……"

马克斯："不——"

　　　　　　　　艾达："做一只僵尸猫吧！！"

马克斯："嗯⋯⋯这个主意听
起来不错！"

　　　　艾达："一只既活着又死了的猫，不就是一只僵尸
猫吗？我在西格玛博士借给我的书上看到过，那个实验
叫作——薛定谔的猫。"

弗里奇新奇资料大放送

　　埃尔温·薛定谔，是量子物理学的奠基人之
一。1926年圣诞节期间，他去瑞士阿罗萨旅行。在这次
旅行期间，他写出了一个方程——这就是我们今天所说
的"薛定谔方程"。这是量子力学的一个基本方程，也
是量子力学的一个基本假定。他当时想通过这次旅行让
自己放松一下，结果，就在去泡温泉的时候，他想出了
这个方程。天啊！你能想象，要是这个物理学家真正认
真地投入工作，该是个什么样子？！我是不敢想。

　　艾达和马克斯翻开了那本巨大的量子物理学书，不一会儿，就
找到了他们想要找的东西：

高成本大实验

需要的材料：

一个放射性原子

一个盖革计数器

一个能释放毒气的控制系统

有毒气体

一个箱子

一只活着的猫

量子学小提示

盖革计数器用于探测放射性粒子，常用来记录通过装置的辐射粒子的数目。这个计数器是由汉斯·盖革和欧内斯特·卢瑟福共同发明的，所以才叫作盖革计数器。盖革后来加入了纳粹党，而且参加了德国的原子弹研制计划。幸好，盖革做原子弹的能力可比做计数器的能力差远了。

步骤：

把一个放射性原子放在盖革计数器的入口处。将计数器和一个放毒系统连接在一起。当计数器检测到放射性原子释放出的辐射粒子的时候，放毒系统的盖子就会打开，释放出毒气。把以上所有装置放进一个大箱子里面。然后，把猫也放进去。最后，把箱子关严。

艾达："但是，关上箱子以后，我们就看不到里面发生了什么了！放射性原子释放辐射粒子是一个量子过程，所以，这一个放射性粒子，在被观测之前，是处于叠加状态的——已经释放了辐射粒子和还没有释放辐射粒子，各有50%的可能性。这样，盖革计数器也将处于叠加状态——已经检测到了辐射粒子和还没有检测到辐射粒子。所以，它可能启动了放毒装置，也可能还没有启动放毒装置。所以，毒气可能还在瓶子里，也可能已经释放到外面了；小猫可能已经吸入了毒气，也可能还没有吸入毒气。只要我们不打开箱子……这只猫就会同时处于生和死两种状态。"

马克斯："好了，艾达，先收起你的幻想吧！首先，咱们得找到一个放射性原子，一个盖革计数器，还有最难弄到的——毒气。"

艾达："天啊，马克斯，你的创造力都去哪儿了？我们现在可是在西格玛博士的实验室啊！这里什么没有啊？！"

马克斯："好吧，那我们先从放射性原子开始找起。这里好像没有铀或放射性钍。"

艾达："没关系，这里有香蕉。香蕉中含有钾40，钾40就具有放射性。只要找到这一根香蕉，咱们就有放射性原子了！"

马克斯："那盖革计数器呢？"

艾达："有一个APP（安卓平台有模拟盖革计数器，但仅限于假想实验）可以检测到放射线！用咱们的安卓手机就可以！我现在就下载！"

马克斯："太棒了！来吧，我们的实验已经势不可挡了！可是，毒气去哪儿找？"

艾达："嗯……前几天我读到过相关的东西……"陷入沉思"哦——对！"

马克斯："妈呀，你吓死我了！"

艾达："我想起来了！醋和双氧水（过氧化氢）混合，会产生过氧乙酸，过氧乙酸就是有毒物质。我们再找到猫，找到一个大箱子，材料就全了！"

√ 香蕉

√ 手机

√ 醋

√ 双氧水

√ 猫

√ 大箱子

耶！我们的材料准备全了！

他们两个觉得自己变成了福尔摩斯和华生，或者皮埃尔和居里夫人：他们即将进行一项具有革命性的实验，他们将会制造出世界上第一只僵尸猫！

马克斯负责画好实验设计图。他们就开始组装实验装置了。首先，他们把香蕉和手机连起来，然后放进一个笔袋中。笔袋放在大箱子外面。把双氧水和醋混合起来放进一个小瓶子。小瓶子的底部提前扎了一个小洞，用鞋带塞好。然后把小瓶子放进大箱子里面。鞋带的另一端系在笔袋上。笔袋放在一根木棒上，保持平衡。手机调到飞行模式。一旦手机检测到香蕉发出的辐射粒子，就会振动。手机一振动，笔袋就会失去平衡，从木棒上掉下去。这样，鞋带就会被拉出来，毒气就会从小瓶子中释放出来，充满整个大箱子。

啊！真是个天衣无缝的计划！**我们简直是天才！**

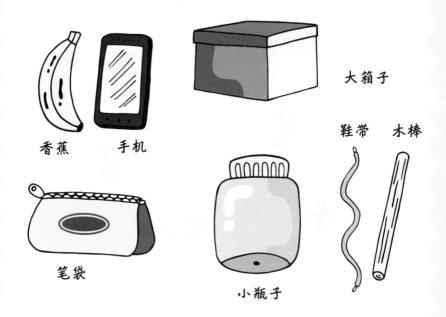

大箱子

鞋带　木棒

香蕉　　手机

笔袋

小瓶子

他们把手机调到了飞行模式，这样就不会因为有人打电话进来而启动整个装置了。他们把一切都准备好之后，就去抓莫提莫尔了。艾达用两只手抱起莫提莫尔，然后亲了它一下。她以前从来没想过，自己会亲吻这只烦人的猫。然后，马克斯也亲了它一下。他们把莫提莫尔放进大箱子了，然后盖上了盖子。他们还在箱子外面写上了"生物化学危险物质"的字样。这样看上去更酷一些！

接下来呢？现在得把箱子密封起来，这样，谁也不能知道箱子里面发生了什么，不然，叠加状态就会被破坏了。走，去密封箱子！

量子学小提示

像放射性原子一样，这只猫处于一种叠加状态——活着和死了的叠加状态。直到我们打开箱子的那一刻，叠加状态才会结束。根据我们以前学的知识，当我们打开箱子进行观测的时候，这个系统就会坍缩：放射性原子已经释放了辐射粒子，或者还没有释放放射线；有毒气体已经从瓶子里被释放了出来，或者还没有释放辐射粒子；箱子里的猫还活着，或者已经死了。根据哥本哈根诠释来看，情况应该是这样的。但是……他们两个这样做，真的有意义吗？

西格玛博士突然出现在地下室里。他穿着紫色的浴袍，脚趾里还带着泡沫，头上裹着毛巾。

"嗨！孩子们！你们怎么在这儿？你们在干什么？又有什么疯狂奇怪的想法了？"

"我们在尝试把莫提莫尔变成一只僵尸猫。怎么样，是不是很酷？"

"就像《行尸走肉》（美国连续剧）里的僵尸那样？"

"不。是更酷的僵尸！我们做了薛定谔的猫的实验，让它处于活着和死了的叠加状态……"

"你说什么，活着和死了的叠加状态？难道我现在听见的声音，是退相干的声音吗？或者说，是坍缩的声音？哦！**薛定谔**，我伟大的朋友！"

西格玛博士小课堂

西格玛博士突然躺到了地上，就像足球运动员进球之后的庆祝仪式那样。他摘掉了头上的毛巾，从口袋里拿出一把小梳子，梳理了一下刘海儿，然后，一下子跳了起来，大声喊道：

"薛定谔的猫的实验，是一种Gedankenexperiment（德语）！"

"那是什么意思？西格玛博士？"

"意思就是，那是一种**思想实验**！因为，从来没有人做过这个实验，我想，也不会有人去做这个实验。这个实验只能存在于我们的头脑中，只能想象。**这个实验是不可能成功的，是与现实相悖的。**它只是用来对量子物理学的一些问题做出解释。也就是说，是为了证明，没有人能真正弄明白量子物理学的问题。

弗里奇新奇资料大放送

那么，薛定谔为什么要设计这样的实验呢？因为薛定谔讨厌量子物理学。虽然他本人是量子物理学的奠基人之一，但是，他其实并不喜欢量子物理学。他甚至说过：真讨厌，我竟然和量子物理学扯上了关系！但是，量子物理学却让他成了世界上最有名、最伟大的科学家之一。后来，他还获得了诺贝尔奖呢！

薛定谔的猫的实验和现实是相矛盾的，是没有办法实现的。薛定谔设计这个实验只是为了证明，量子物理学的预言是多么的奇怪，比如，叠加态。因为，不管量子物理学的理论是怎么说的，**谁会相信一只猫可以同时处于活着和死了这两种状态呢？谁也不会相信！**

如果你把一只猫、一个放射性原子和毒药一起放进一个大箱子里，猫一定会死。所以，朋友们，千万不要这样做！小猫多可怜啊。但是，人们还是在继续进行着量子物理学的研究，以便能够更好地了解量子的世界。薛定谔的猫的实验告诉我们，这个世界上还有很多东西是我们还没有了解的。总之，薛定谔的猫的实验是不能制造出一只僵尸猫的！

一阵沉默……

"等等，你们刚才说，你们在干什么？！"

又是一阵沉默……

"那箱子里面装的不会是莫提莫尔吧？！"西格玛博士指着地上的大箱子问道。

艾达已经僵住了，马克斯轻轻地点了点头，西格玛博士紧张地跳了起来。这时，他们突然听见有人敲门。门没关，不一会，他们就听见有人进来了，一路喊着他们的名字找到地下室来。是萨图妮娜姑姑！

"啊，我亲爱的孩子们，我终于找到你们了！你们怎么都在西格玛博士的实验室啊，你们在干什么呢？"

"姑姑！"

艾达和马克斯一看见萨图妮娜姑姑，就飞快地跑去拥抱她。

"哎哟，我可从来没这么受欢迎过！你们真的这么想念我吗？你们过得怎么样啊？你们有没有好好照顾西格玛博士？还有，莫提莫尔呢，它怎么样了？我的可爱的小猫咪现在在哪儿呢？"

艾达，马克斯和西格玛博士都努力地咽了一下口水。

马克斯是三个人里最勇敢的，他抬起手，指了指地上密封好的大箱子。

"它正在享受一项科学实验……"艾达解释说。

"我的猫在享受实验？你们快把箱子打开！"

还没等西格玛博士和孩子们提醒她，箱子很危险，萨图妮娜姑姑已经拿起来一把刀子，把密封好的箱子打开了。箱子刚一打开……

"喵呜——"

"莫提莫尔！"所有人都叫了起来。

莫提莫尔从箱子里跳了出来，开始蹭萨图妮娜姑姑的腿。艾达、马克斯和西格玛博士掩饰不住内心的愉悦，开怀大笑了起来。太好了，莫提莫尔还活着！

量子学小提示

在薛定谔的猫这个思想实验中，观测这件事，是非常有意思的。因为，在观测者进行观测之前，这只猫似乎是同时处于活着和死了这两种状态。有人往箱子里看一眼，真的这么重要吗？要是没有人看，箱子里发生的事情的真相又该是什么呢？爱因斯坦非常坚决地拒绝接受这些量子世界的事实，他甚至说："就算我没有抬头看月亮，我还是愿意相信月亮就在那儿。"

朋友，如果你想让自己变成疯子的话，咱们就继续往下说……如果说，在打开箱子之前，箱子里的一切都处于叠加状态，那么，如果我们把这个箱子，连同观测者，一起放进一个更大的箱子里呢？那么，所有的这些东西的坍缩，应该在什么时候发生？是打开大箱子的时候？还是打开小箱子的时候？这个观测者就是所谓的"维格纳的朋友"。我们可以放置无数个箱子，和无数个朋友，那就会创造出无数种现实！这就好比，你在一面镜子里看另一面镜子里的你，在一面镜子中看另一面镜子中另一面镜子中的你……你可以无数次地反射自己的像。

那天晚上，马克斯把这些天来，他学会的所有量子物理学的知识，全都讲给了萨图妮娜姑姑听。比如，叠加态啊，隧穿效应啊，退相干啊，隐形传态啊……

你们看！萨图妮娜姑姑给他们做了好多的饼干，西格玛博士正在逗着小猫莫提莫尔玩，莫提莫尔正在试着咬住自己的尾巴。

艾达盯着趴在桌子上的莫提莫尔，眉头紧锁，她的脑子里有一大堆问题在转来转去：**在这里，莫提莫尔是活着的。但是，要是在另一个平行世界中呢？**

……

朋友们，你们有什么心得体会？
请写在下面：

....
....
....
....
....
....
....
....
....
....
....
....
....
....
....
....
....
....
....